노벨상을 꿈꿔라

— 2015 노벨 과학상 수상자와 연구 업적 파헤치기 —

노벨상을 꿈꿔라

1판 4쇄 발행 2022년 9월 20일

글쓴이   김정 이윤선 이정아
펴낸이   이경민

편집   박희정
디자인   소피아

펴낸곳   (주)동아엠앤비
출판등록   2014년 3월 28일(제25100-2014-000025호)
주소   (03737) 서울특별시 서대문구 충정로 35-17 인촌빌딩 1층
홈페이지   www.dongamnb.com
전화   (편집) 02-392-6901 (마케팅) 02-392-6900
팩스   02-392-6902
이메일   damnb0401@naver.com
SNS   🄵 🄱🄻🄾🄶

ISBN 979-11-86008-39-3(43400)

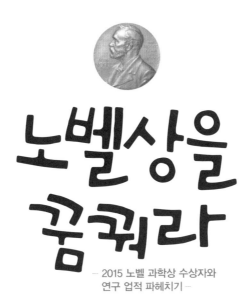

노벨상을 꿈꿔라

― 2015 노벨 과학상 수상자와
연구 업적 파헤치기 ―

김정 이정아 이윤선 | 지음

동아엠앤비

들어가며

여러분은 '노벨상 수상자'라고 하면 어떤 모습이 떠오르나요? 위대하고 근엄한 과학자의 모습이 떠오르진 않나요? 사실, 전 노벨상 수상자가 이런 모습일 거라고 생각했어요. 뭔가 특별한, 평범하지 않은 존재일 거라고 생각해왔거든요.

그러다가 지난해 실제로 노벨상 수상자들을 만나 이야기를 나눠볼 기회가 있었어요. 이스라엘에서 세계 각국의 젊은 과학도들과 노벨상 수상자들이 만나는 대회가 열려 취재차 참석했거든요.

실제로 만나본 노벨상 수상자들은 제 예상과는 많이 달랐어요. 과학에 관심 많은 청소년들이나 젊은 과학도 등 다양한 사람들과 허물없이 대화하고 자신의 생각을 소탈하게 전하는 모습은 일상에서 흔히 만나는 사람들과 다르지 않았지요. 다만 과학에 대한 열정과 세상 만물에 대한 호기심만큼은 남달랐다는 점이 인상적이었어요. 높은 연세에도 불구하고 여전히 열정이 뜨겁게 살아 있다는 것을 느낄 수 있었답니다.

2015년 가을에도 어김없이 노벨 과학상 수상자들이 발표됐어요. 중성미자와 손상된 DNA가 복구되는 과정의 비밀을 밝히고, 기생충과 말라리아의 치료제를 개발해 인류의 삶의 질을 높인 과학자들이 선정되었지요. 이번 노벨 과학상 분야 수상자들도 과학에 대한 열정과 호기심이 대단했어요. 한 세기가 지나도록 풀리지 않았던 눈에 보이지 않는 세계를 연구했고, 사소한 호기심과 의심을 그냥 지나치지 않았지요. 또, 효과가 있는 약물을 찾기 위해 무려 200번 가까이 실험을 실패하면서도 절대 포기하지 않았답니다.

이렇게 우리는 여러 노벨상 수상자들의 모습을 통해 훌륭한 과학자란 특별한 두뇌를 가진 사람이 아니란 걸 알 수 있어요. 호기심과 열정, 그리고

끈기를 갖고 과학에 집중하는 사람이 좋은 성과를 낼 수 있다는 것이지요.

　하지만 잊지 말아야 할 것은 상을 받는 것만이 전부가 아니라는 거예요. 노벨상은 인류에 공헌을 할 정도로 훌륭한 연구를 한 과학자들에게 주어지는 상이지만, 노벨상을 받아야만 뛰어난 과학자가 되는 게 아니고, 상을 받지 못했다고 해서 훌륭한 연구를 이뤄내지 않았다는 의미는 아니랍니다.

　우리 주변에는 노벨상을 받지 못했지만 많은 사람들에게 도움이 되고 과학의 발전에 큰 공로를 한 과학자들이 아주 많아요. 많은 과학자들이 상을 받기 위한 과학이 아니라 사람과 자연 그리고 과학을 위한 과학을 하고 있다는 증거지요. 그러니 우리나라에서 노벨 과학상 수상자가 없다고 해서 실망할 필요는 없어요. 또, 과학자를 꿈꾸는 친구들이 있다면 상이나 성과에만 집중하기보다는 과학을 사랑하는 열정과 호기심, 이 기본적인 마음을 잊지 마세요. 그럼 어느새 훌륭한 과학자로 성장한 자기 자신을 발견할 수 있을 거예요.

　이제 여러분은 이 책을 통해 2015년 노벨 과학상 수상자들의 업적에 대해 알아볼 거예요. 당연히 쉽지 않겠죠. 수상자들도 무수한 도전과 실패를 거치며 평생에 걸쳐 연구한 내용이니까요. 독자들의 눈높이에 맞게 가능한 쉽게 풀어내려고 노력했는데, 성공했을지 모르겠네요.

　만약 책이 어렵더라도 실망하거나 포기하지 말고 찬찬히 여러 번 읽어보길 바랄게요. 이해가 가지 않는 부분은 표시를 해두고 넘어가도 돼요. 그리고 나중에 표시한 부분만 따로 인터넷이나 다른 책을 찾아보거나, 선생님이나 과학을 좋아하는 언니 오빠에게 물어봐도 좋아요.

　자, 준비되었나요? 그럼 노벨 과학상의 흥미진진한 이야기 속으로 함께 들어가볼까요?

2016년, 새로운 도전을 꿈꾸며

차례

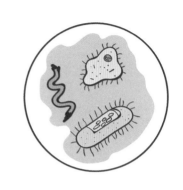

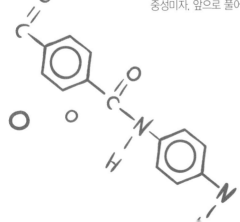

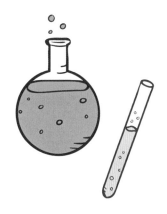

03 2015년 노벨 화학상

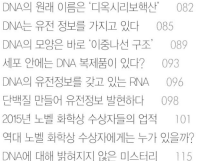

04 2015년 노벨 생리의학상

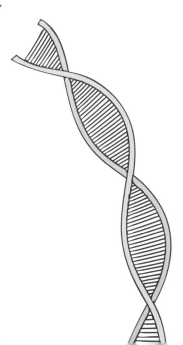

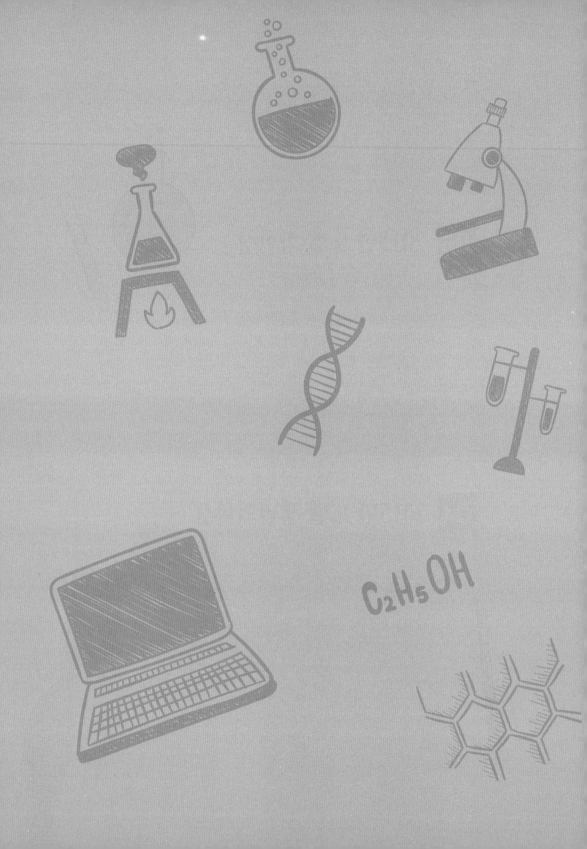

01

2015년 노벨 과학상

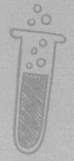

노벨상이란 무엇인가?

매년 10월, 여러분은 어떻게 지내시나요? 좋은 가을날 학교에서 현장 체험 학습을 다니느라 즐거운 친구들도 있고, 2학기 중간고사를 앞두고 미리미리 열심히 공부하는 성실한 친구들도 있을 거예요. 또 독서의 계절에 맞게 재밌는 책 삼매경에 빠진 친구들도 있고, 살찌는 계절을 맞아 식욕이 왕성해진 탓에 '먹방'에 빠진 친구들도 많을 거예요.

　이맘때 과학자들은 어떻게 지낼까요? 평소와 다름없이 열심히 연구에 매진하며 지낼 거예요. 하지만 아주 약간은 스웨덴으로 관심이 쏠리기도 할 거예요. 매해 10월 초, 스웨덴의 수도 스톡홀름에서 노벨상 수상자를 발표하기 때문이지요.

　과학자들에게 10월은 노벨상의 계절이에요. 노벨상은 115년이라는 긴 역사를 품은 권위 있는 상으로, 생리의학, 물리학, 화학, 문학, 평화, 경제, 이렇게 6개 분야에서 수상자들을 선정한답니

다. 첫 수상자를 발표한 후, 매일 한 분야의 노벨상 수상자를 발표하는데, 수상자를 발표할 때마다 과학자들은 물론 일반인들도 누가 어떤 업적으로 노벨상을 수상했는지 큰 관심을 기울여요. 자국에서 수상자가 나오면 매우 기뻐하고 함께 환호하지만, 아깝게 수상을 놓치면 아쉬움의 탄식을 흘리지요. 즉 노벨상은 과학자가 받을 수 있는 최고의 영예이자, 나라의 자랑거리랍니다. 노벨상은 어떻게 만들어진 걸까요?

알프레드 베르나르드 노벨 (출처: 위키미디어)

노벨상을 만든 과학자 노벨

노벨상을 만든 사람은 스웨덴의 알프레드 베르나르드 노벨(1833~1896)이에요. 노벨은 스웨덴의 발명가이자 화학자, 노벨상의 설립자로 역사에 이름을 남겼지요. 노벨은 고체폭탄인 다이너마이트를 발명한 사람으로 가장 잘 알려져 있어요. 1863년 노벨은 니트로글리세린과 흑색 화약을 혼합한 폭약을 발명하고, 그 이듬해 뇌홍[*]을 기폭제로 사용하는 방법을 고안해 아버지, 동생과 함께 공업화를 했어요. 하지만 이 과정에서 공장이 폭발해 동

---

*질산수은 용액에 에틸알코올을 작용시켜 만든 무색결정. 폭발성이 강해 점화약 등으로 사용된다.

생과 종업원들이 희생되지요. 노벨은 깊은 상심에 빠진 채 과연 무엇이 문제였는지 알아봐요. 곧 니트로글리세린이 액체이기 때문에 위험하다는 것을 깨닫고, 1867년 이를 규조토에 스며들게 해서 안전한 고체폭탄을 만들어요. 이것이 바로 다이너마이트지

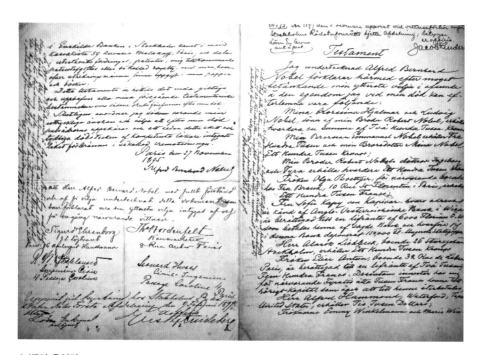

노벨의 유언장

다이너마이트를 발명한 알프레드 베르나르드 노벨은 폭탄이 전쟁에 이용돼 살상 무기로 쓰이자 죄책감을 떨치기 위해 죽기 바로 전해인 1895년, 자신의 재산을 기금으로 인류에게 큰 공헌을 한 사람들에게 상금을 주겠다는 유언장을 남겼다. (출처: 노벨위원회)

요. 이후에도 노벨은 이 폭탄을 개량해 더 안전하고 연기도 나지 않는 폭탄을 완성합니다. 노벨은 스웨덴, 독일, 영국 등 유럽 곳곳에 다이너마이트 공장을 세우고 세계 최초의 국제적인 회사 '노벨 다이너마이트 트러스트'를 창설하기에 이르러요. 그동안 노벨의 형들 역시 카스피 해에서 유전 개발에 성공해 대규모 정유소도 건설하고, 세계 최초의 유조선을 취항하는 등 승승장구합니다. 이 덕분에 노벨가는 당대 유럽 최고의 부자가 되지요.

하지만 노벨은 아주 기쁘지만은 않았어요. 노벨이 만든 다이너마이트는 길을 만들거나 집을 지을 땅을 팔 때는 매우 유용하게 쓰였지만, 전쟁에 이용돼 많은 사람을 죽이는 힘도 발휘했거든요. 이 때문에 노벨은 '죽음의 상인'이라는 오명을 얻기도 했지요. 노벨은 죄책감을 떨치기 위해 죽기 바로 전해인 1895년, 자신의 재산을 기금으로 인류에게 큰 공헌을 한 사람들에게 상금을 주겠다는 유언장을 남겨요.

1896년 노벨이 사망한 뒤, 노벨의 뜻에 따라 유산이 스웨덴 과학 아카데미에 기부되고 노벨재단이 만들어져요. 약 3100만 크로나가 노벨상을 위한 자금으로 기부됐어요. 이 돈은 현재 가치로 환산하면 약 2800억 원에 이른다고 해요. 엄청난 금액이죠? 재미있는 것은 상금 액수가 정해진 다른 상들과 달리 노벨상은 노벨재단이 기금을 투자한 수익률에 따라 상금이 달라진다는 점이에요.

5개 분야 수상으로 시작한 노벨상!

노벨이 사망한 지 5년이 지난 뒤인 1901년부터 물리학, 생리의학, 화학, 문학, 평화, 이 5개 분야에서 노벨상 수상자를 선정하기 시작했어요. 그런데 뭔가 빠진 것 같지 않나요? 맞아요! 노벨 경제학상이 빠졌네요. 노벨 경제학상은 노벨재단의 기금과 별도로, 1969년 스웨덴 제국은행이 기금을 마련해 만든 상이에요. 정식 명칭은 '알프레드 노벨 기념 스웨덴은행 경제과학상'이지요. 무척 어려운 이름이죠? 하지만 다행스럽게도 이 어려운 이름을 다 부를 필요는 없어요. 보통 '노벨 경제학상'이라고 줄여 부르거든요.

노벨상 수상자는 어떻게 선정되는 걸까요? 세계 학자들이 모두

노벨상 메달 앞면(왼쪽), 노벨 물리학·화학상 메달 뒷면(가운데), 노벨 생리의학상 메달 뒷면(오른쪽)
노벨상 메달 뒷면은 시상 분야마다 디자인이 다르다. 물리학·화학상의 뒷면에는 '풍요의 여신'과 '과학의 여신', 생리의학상에는 '의학의 신'이 새겨져 있다. (출처: 노벨위원회)

모여 투표라도 벌이는 걸까요? 비슷해요. 노벨상 수상자 발표가 끝난 직후, 가을부터 분야별로 세계적인 학자와 전문가 1000명에게 다음 해 노벨상을 받을 만한 사람이 누구인지 추천을 받거든요. 그리고 추천을 받은 사람들 중 100여 명의 후보를 다시 추려 내지요.

각 분야별로 선정된 100여 명의 후보들은 다시 분야별로 나뉘어 노벨위원회와 스웨덴 왕립과학원 등이 여덟 달 동안 심사한답니다. 노벨 물리학상과 화학상, 경제학상 수상자는 스웨덴 왕립과학원에서, 생리의학상 수상자는 스웨덴 카롤린의학연구소에서, 문학상 수상자는 스웨덴 예술원에서, 평화상 수상자는 노르웨이 노벨위원회가 각각 선정하지요. 이렇게 최종적으로 선정된 수상자가 12월 노벨상 시상대에 오르게 돼요.

노벨상은 국적, 인종, 종교, 이념에 관계없이 누구나 받을 수 있어요. 공동 수상도 가능하고, 한 사람이 여러 번 받을 수도 있지요. 반대로 마땅한 후보자가 없거나 세계대전처럼 비상사태로 인해 정상적으로 수상자를 선정할 수 없을 때는 수상을 하지 않기도 해요.

2번 이상 노벨 과학상을 받은 사람은 누가 있을까요? 여러분이 잘 아는 과학자 퀴리 부인은 노벨 과학상을 2번이나 받았어요. 프랑스의 물리학자이자 화학자인 마리 퀴리는 남편과 함께 방사능 연구를 해 최초의 방사성원소 폴로늄과 라듐을 발견했어요. 방사능에 관한 연구로 1903년 남편과 함께 노벨 물리학상을 받지요. 1911년에는 순수한 라듐을 분리해낸 공로로 노벨 화학상도 받았답니다.

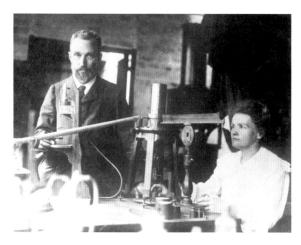

퀴리 부부(왼쪽)와 마리 퀴리(오른쪽)
노벨상은 한 번에 상을 받는 사람은 정해져 있지만, 한 사람이 받을 수 있는 상의 수는 제한이 없다. 퀴리 부인은 노벨 물리학상과 노벨 화학상을 받았다. (출처: 위키미디어)

　그 밖에도 미국의 물리학자로 반도체 연구 및 트랜지스터 개발에 공헌한 존 바딘이 1956년과 1972년에 노벨 물리학상을 받았고, 영국의 생화학자 프레데릭 생거가 인슐린의 아미노산 배열 순서를 규명하고 유전자의 기본 구조와 기능을 연구한 공로로 1958년과 1980년에 노벨 화학상을 받았어요.

　과학 분야와 평화상을 중복 수상한 과학자도 있어요. 미국의 물리화학자 라이너스 폴링이에요. 폴링은 화학결합의 원리를 밝히고, 이를 이용해 복잡한 물질의 구조를 밝힌 업적으로 1954년에 노벨 화학상을 받았어요. 또한 제2차 세계대전 직후 원자폭탄

금지 운동에 참가하고 평화운동을 추진한 공로를 인정받아 1962년 노벨 평화상도 수상하지요.

노벨상은 단체도 받을 수 있어요. 유엔난민기구가 1954년과 1981년 두 차례 노벨 평화상을 받았고, 국제적십자위원회는 1917년과 1943년, 1963년 세 차례나 노벨상을 수상했답니다. 2015년 노벨 평화상 역시 단체인 '튀니지 국민4자대화기구'가 튀니지의 민주화 과정에서 중요한 역할을 한 공로를 인정받아 수상했지요.

반대로 노벨상을 거부한 예도 있어요. 개인이 노벨상을 거절하거나, 정부가 압력을 가해서 불가피하게 받지 못한 경우가 있지요. 제2차 세계대전을 일으킨 독일의 독재자 아돌프 히틀러는 나치에 반대하는 글을 쓴 작가 카를 폰 오시에츠키가 1935년 노벨 평화상을 받자 크게 화를 냈어요. 그래서 1937년부터 모든 독일인의 노벨상 수상 금지 명령을 내리지요. 이에 따라 독일의 화학자 리하르트 쿤과 아돌프 부테난트가 각각 1938년과 1939년에 노벨 화학상 수상자로 선정되고, 게르하르트 도마크가 1939년 생리의학상 수상자로 선정되고도 상을 받지 못했답니다. 이들은 제2차 세계대전이 끝난 뒤 노벨상 메달을 받을 수 있었지만 상금은 받지 못했답니다. 정말 아깝죠?

그 외에도 1964년에는 노벨 문학상 수상자인 장 폴 사르트르와 1973년 평화상 수상자인 북베트남의 레둑토 등이 개인의 신념이나 정치적 상황 때문에 스스로 노벨상을 거부했답니다.

노벨상 시상식은 매해 12월 10일 오후 4시 30분에 열려요. 노벨 평화상은 노르웨이 오슬로에서, 나머지 상은 스웨덴의 스톡홀름에서 수여하지요. 그런데 왜 하필 그날, 그 시각일까요? 그날이 바로 노벨이 사망한 날, 사망한 시각이거든요.

마지막으로, 노벨상은 살아 있는 사람만 받을 수 있어요. 그래서 아무리 위대한 업적을 남겼어도 사망한 뒤에는 받을 수 없답니다. 단, 수상자로 지정된 후 사망하면 상을 받을 수 있어요. 실제로 2011년 노벨 생리의학상 수상자로 선정된 캐나다의 랠프 스

1938년 노벨상 시상식
아돌프 히틀러는 1937년 모든 독일인의 노벨상 수상을 금지했다. 이 때문에 독일의 유기화학자 리하르트 쿤 (1938년 화학상)은 수상자로 선정이 되고도 상을 받지 못했다. 그래서 제2차 세계대전이 끝나고 난 뒤 상과 메달을 받을 수 있었다. (출처: 노벨위원회)

타인먼은 암으로 숨진 뒤 수상했답니다. 노벨위원회가 랠프 스타인먼을 수상자로 결정한 뒤 스타인먼이 암으로 숨졌다는 사실을 알게 됐거든요. 노벨상 수상자를 발표하기 불과 3일 전의 일이었지요. 노벨위원회는 고심 끝에 랠프 스타인먼의 수상 결정을 철회하지 않았답니다.

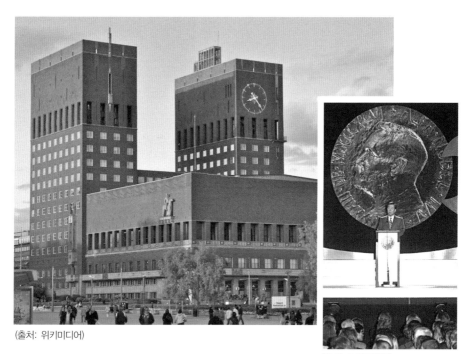

(출처: 위키미디어)

(출처: 노벨위원회)

오슬로 시청
노르웨이의 수도인 오슬로 시청에서는 매년 12월 10일 노벨상 평화상 수상식이 열린다. 2000년 김대중 전 대통령이 이곳에서 노벨 평화상을 수상했다.

2015년 노벨 과학상을 분석하다!

2015년 10월 5일, 2015년의 첫 노벨상 수상자가 발표됐어요. 바로 노벨 생리의학상의 주인공인 투유유 중국중의학연구원 명예교수(86)와 윌리엄 캠벨 미국 드류대학교 연구교수(86), 오무라 사토시 일본 기타사토대학교 명예교수(81)예요. 이들은 기생충과 말라리아 등의 감염병을 막기 위해 혁신적인 연구를 한 공로를 인정받아 노벨 생리의학상 수상자로 선정됐어요.

생리의학상을 시작으로 10월 6일 물리학상, 7일 화학상, 8일 문학상, 9일 평화상, 마지막으로 12일 경제학상 수상자가 발표됐어요. 노벨상 수상자를 발표하기 전부터 세계 각국 언론에서는 예상 수상자를 점찍으며 수많은 분석 기사를 내보냈어요. 드디어 노벨상 수상자를 발표하자, 온 나라가 기쁨의 도가니에 빠지기도 하고, 아쉬움에 뒤덮이기도 했지요. 아마도 여러분이 2015년 10월 한 달간 우리나라 뉴스에서 가장 많이 본 노벨상 관련 기사는 '왜 우리나라에는 노벨 과학상 수상자가 나오지 않는가'였을 거예요. 안타깝게도 우리나라는 아직 노벨 과학상 수상자를 1명도 배출하지 못했거든요.

이런 아쉬움은 일본이 2015년 노벨 과학상 분야에서 2관왕을 차지했기 때문에 더 컸을 거예요. 2015년 일본은 노벨 생리의학상에 이어 물리학상 수상자까지 배출했거든요. 게다가 일본은 지난해에 이어 2년 연속 노벨 물리학상 수상자를 배출했답니다. 2015년 노벨 물리학상의 주인공은 카지타 타카아키 일본 도쿄대학교 교수(57)와 아서 맥도널드 캐나다 퀸스대학교 명예교수(73)

예요. 2015년까지 포함해 일본의 노벨 과학상 수상자는 총 21명(물리학상 11명, 화학상 7명, 생리의학상 3명)으로 늘어났답니다.

게다가 2015년은 중국인 과학자가 처음으로 노벨 과학상을 수상해 중국도 잔치 분위기였어요. 일본과 중국이 노벨 과학상 수상자를 배출하고 우리나라는 그렇지 못하자, 우리는 왠지 모를 소외감도 들고 어쩐지 의기소침한 기분도 들었어요. 우리나라 사람들이 너무 노벨 과학상 수상에 집착한다며 비판하는 목소리도 있지만, 사실 노벨 과학상 수상은 중요한 의미가 있어요. 앞으로 점점 더 과학기술은 한 나라의 경쟁력을 판단하는 기준이 될 거예요. 그래서 노벨 과학상 수상은 수상자 개인의 명예뿐만 아니라 그 나라의 명예를 높이고, 국가 경쟁력을 증명하는 중요한 기준이 되지요.

노벨상은 보통 20~30년간의 꾸준한 연구 끝에 나온 업적들로 영예를 얻지요. 최근에는 연구 성과가 나온 뒤 노벨 과학상을 받기까지 걸리는 시간이 점점 길어지는 추세예요. 세계 곳곳에서 수많은 연구 결과가 쏟아지고 있는 데다, 새로운 과학 이론이 맞는지 틀린지 증명하는 일이 점점 어려워지기 때문이지요. 최근 일본에서 수상자가 잇달아 나온 이유는 일본이 과학 연구에 투자를 꾸준히 해 온 덕분이에요. 우리나라도 과학의 발전을 위해 노력하고 있으니 곧 좋은 소식이 들리지 않을까요?

가장 많은 노벨 과학상 배출 국가는 어디일까요? 압도적으로 미국이 많아요. 2005년 이후 지난해까지 노벨상 수상자를 분석해보면 미국인이 약 40퍼센트를 차지해요. 영국, 독일 등 유럽 국가 수상자의 비중은 줄어드는 반면, 일본이 새로운 강자로 떠오르고 있지요. 또한 중국, 터키 등 다양한 국가의 과학자들이 노벨 과학상을 수상하며 국가별 다양성이 늘어나고 있어요.

노벨 과학상의 또 다른 흐름은 갈수록 공동 수상이 많아지고 있다는 거예요. 2015년 노벨 과학상만 봐도 한 분야에 두세 명의 공동 수상자를 확인할 수 있어요. 처음부터 공동 수상자가 많았던 건 아니에요. 1901년 노벨상 수상이 시작된 뒤 10년 동안에는 공동 수상이 20퍼센트에도 못 미쳤다가, 1950년대를 기준으로 50퍼센트를 넘어섰고 2000년대 이후에는 공동 수상의 비율이 90퍼센트에 이르렀어요. 이렇게 공동 수상자들이 늘어나고 있는 이유는 첨단 과학 연구를 위해 장비가 대형화되고, 연구가 점점 복잡하고 융합화되기 때문이에요. 이에 따라 더는 혼자서는 연구하기 어렵고, 집단 연구가 늘어나는 것이지요.

특히 물리학의 경우 공동 수상 비율은 더 커요. 최근 30년간 분야별 공동 수상 비율은 물리학상이 약 87퍼센트, 생리의학상이 약 83퍼센트, 화학상이 약 67퍼센트로 나타났어요. 최근 물리학의 경우, 대형 실험 장비뿐만 아니라 수백 명 단위의 연구팀이 등장할 정도로 연구가 점점 대형화되고 있거든요. 중성미자에 질량이 있다는 것을 발견해 2015년 노벨 물리학상을 받은 일본의 카지타 타카아키 교수 역시 폐광산이 있는 지하 1킬로미터에 만든 대형 검출기 '슈퍼 카미오칸데'를 이용해 연구했지요.

마지막으로, 2000년대 이후 여성 과학자의 노벨 과학상 수상

이 늘고 있어요. 2015년 노벨 과학상 수상자 8명 가운데 여성은
생리의학상의 투유유 교수뿐이에요. '8명 중에 1명밖에 없어?' 하
고 실망할지 모르지만, 12.5퍼센트의 확률이라고 볼 수 있어요.
또, 2009년에는 노벨 과학상 수상자 9명 중 3명이 여성 과학자였
어요. 노벨 과학상 역사상 한 해에 2명 이상이 여성 과학자였던
건 그때가 처음이었지요. 최근 여성 과학자들의 노벨 과학상 수
상을 살펴보면, 그 비율이 늘고 있음을 알 수 있답니다.

노벨 과학상 수상자 수 상위 10개국(1901년~2015년)

국가	수상자 수(명)
미국	321
영국	99
독일	89
프랑스	36
일본	21
스위스	20
캐나다	20
오스트리아	18
네덜란드	18
스웨덴	17

(출처: 위키미디어)

국가별/분야별 노벨 과학상 수상자 수(1901년~2015년)

국가	노벨 물리학상	노벨 생리의학상	노벨 화학상
한국	0	0	0
미국	91	94	68
일본	11	3	7
독일	25	17	31
프랑스	13	11	8
영국	24	30	27
중국	2	1	0
기타	60	67	47
전체	226	223	188

*다중 국적자 중복 처리
(출처: 강희종, 〈통계로 본 주요국 과학기술인재 현황〉)

2015년 노벨 과학상, 누가 받았을까?

2015년 노벨 과학상은 물리학, 화학, 생리의학 이렇게 총 3개 분야에서 8명의 과학자들이 받았어요. 8명의 과학자들은 인류의 난치병 극복과 우주의 기본 구조 규명을 위해 연구해왔지요. 이 책은 이 과학자들이 평생을 바쳐 연구해온 과학 업적을 여러분에게 들려주기 위해 쓰였어요. 하지만 노벨 과학상 연구를 이해하기란 어른들에게도 매우 어려운 일이랍니다. 그러니 한번 읽다가 어

렵다고 저 방구석으로 던져버리지 말고, 처음에는 쓱 한번 훑어
보세요. 포기하지 말고 전체 내용을 파악한 뒤에는, 시간을 두고
다시 읽어보세요. 이때는 이해가 되지 않는 부분을 다시 한 번 찬
찬히 읽어보는 거예요.

  반복해서 읽으면 처음 읽을 때와는 달리 8명의 과학자들이 노
벨상을 받기까지, 과거부터 얼마나 많은 과학자들이 노력했는지
보이기 시작할 거예요. 또한 노벨 과학상 수상은 과학 연구의 끝
이 아니라 새로운 문제를 해결하기 위한 시작이라는 걸 알게 될
거예요. 뒤쪽에서 자세한 내용을 살펴보기로 하고, 이번에는
2015년 어떤 연구가 상을 받았는지 살짝만 들여다볼까요?

	발표일	업적	수상자
노벨 생리의학상	10월 5일	기생충과 말라리아 치료 연구	• 윌리엄 C. 캠벨(86) 미국 드류대학교 연구교수 • 오무라 사토시(81) 일본 기타사토대학교 명예교수 • 투유유(86) 중국중의학연구원 명예교수
노벨 물리학상	10월 6일	중성미자의 진동변환 연구	• 카지타 타카아키(57) 일본 도쿄대학교 교수 • 아서 맥도널드(73) 캐나다 퀸스대학교 명예교수
노벨 화학상	10월 7일	손상된 DNA 복구 과정 연구	• 토마스 린달(78) 프랜시스크릭연구소 명예소장 • 폴 모드리치(70) 미국 듀크대학교 교수 • 아지즈 산자르(70) 미국 노스캐롤라이나 대학교 채플힐캠퍼스 교수

기생충과 말라리아 치료 연구, 노벨 생리의학상

2015년 노벨 생리의학상은 난치병 연구에서 나왔어요. 난치병이란 원인이 밝혀지지 않고 치료법이 확립되지 않아 완치하기 어려운 질병을 말해요.

2015년 노벨 생리의학상을 받은 투유유 중국중의학연구원 명예교수, 오무라 사토시 일본 키타사토대학교 명예교수, 윌리엄 캠벨 미국 드류대학교 연구교수는 저개발국가에서 주로 유행하는 감염병을 퇴치하는 성분을 찾아낸 공로를 인정받았어요. 중국의 투유유 교수는 말라리아 치료제를, 오무라 사토시 교수와 윌리엄 캠벨 교수는 사상충증과 림프사상충증의 치료제를 개발했지요. 말라리아는 주로 모기가 전파하는 병으로, 전체 환자수가 2억 명이 넘고 사망자가 매년 수백만 명이 넘는 난치병이었어요. 말라리아 기생충에 감염된 모기에게 물린 환자들이 고열이 나다가도 추워서 벌벌 떨기도 하고, 땀을 뻘뻘 흘리는 증세를 겪으며 고통을 받았어요. 이 병은 환자의 90퍼센트가 아프리카에 거주할 정도로 경제적으로 어려운 사람들을 주로 괴롭혀온 고약한 병이었지요.

투유유 교수는 1972년 길가에 흔히 피는 개똥쑥에서 '아르테미시닌'이라는 성분을 발견했어요. 이후 아르테미시닌이 말라리아 퇴치에 효과가 있음을 밝혀내 중국 남부와 베트남에서 말라리아가 확산되는 것을 막았지요.

현재 개똥쑥에서 분리한 '아르테미시닌'은 말라리아 치료의 기본 성분으로 쓰이고 있답니다. 박사학위도 없고 해외유학 경험도 없는 중국 과학자가 고대 의학 서적 속 전통 재료를 연구한 것만으로 노벨상을 받다니 놀랍지 않나요? 투유유 교수의 노벨상 수상은 학계는 물론 전 세계를 깜짝 놀라게 했답니다.

한편, 윌리엄 캠벨 교수와 오무라 사토시 교수는 1979년 '아버멕틴'이라는 천연물을 발견해 아프리카와 중남미에서 유행하는 '회선사상충'을 퇴치했어요. 사상충이 눈의 망막에 침투하면 시력을 잃을 수 있고, 림프사상충이 온몸에 퍼지면 팔다리가 붓고 피부가 썩어 들어갔지요. 오무라 사토시 교수는 집 근처 흙 속에 사는 스트렙토미세스 박테리아에서 50여 가지 항생제 원료를 얻어냈어요. 윌리엄 캠벨 교수는 이 중 '이버멕틴'이라는 성분이 기생충 감염을 막는 데 효과적이라는 사실을 발견해 저렴한 가격의 사상충증 치료제를 개발했어요. 덕분에 수많은 사람들의 목숨을 구할 수 있었지요.

유령 입자의 질량 입증, 노벨 물리학상

19세기 초, 과학자들은 물질의 기본이 되는 원자가 더 이상 쪼개질 수 없는 가장 작은 입자라고 생각했어요. 그래서 많은 과학자들이 원자의 구조와 특성을 밝히는 연구를 했지요. 시간이 흘러 19세기 중반이 되면서 과학자들은 원자가 정말 깨질 수 없을까

하는 의문을 품기 시작했어요. 이후 원자를 충돌시켜 깨뜨릴 수 있는 거대한 기계인 가속기가 개발됐고, 가속기를 개발하거나 이를 이용해 원자보다 더 작은 입자를 찾아낸 과학자들이 차례로 노벨상을 수상했지요. 이제 물리학자들은 점점 더 작은 세계를 찾아 연구하고 있어요.

2015년 노벨 물리학상은 우주의 기본 입자라 불리는 '중성미자'가 질량을 갖고 있다는 사실을 입증한 카지타 타카아키 일본 도쿄대학교 교수와 아서 맥도널드 캐나다 퀸스대학교 교수가 수상했어요. 노벨상위원회는 두 과학자가 중성미자가 진동해 또 다른 중성미자로 변한다는 것을 발견하면서 우주의 기원과 입자물리학에 대한 이해를 높였다고 밝혔지요.

중성미자는 1세제곱센티미터(㎤) 공간에 초당 1000억 개가 지나갈 정도로 우주 어느 곳에나 가득 들어차 있고, 우주의 특성을 이해하는 데 중요한 열쇠가 되는 물질로 꼽혀요. 하지만 크기가 너무 작아서 관측이 거의 불가능하고, 다른 입자와 상호작용도 하지 않아 물체에 부딪혀도 반응하지 않거나 튕기지 않고 그대로 통과하는 성질이 있어요. 그래서 중성미자의 질량이나 속도 등 물리량을 알아내기는커녕, 존재조차 증명하기 어려웠지요. 이런 이유로 중성미자는 '유령 입자'라고 불리기도 해요.

지금도 매초마다 수십조 개의 중성미자가 우리 몸을 통과하고 있지만, 여러분 중에서 중성미자가 지금 내 몸을 통과하고 있다고 느끼는 사람은 아무도 없을 거예요. 그렇죠?

중성미자는 우주 탄생의 비밀 등 중요한 정보를 지니고 있지만, 현재의 과학기술로는 아직 중성미자가 갖고 있는 정보를 해석하기 어렵답니다. 신비로운 입자 중성미자의 비밀을 풀어낸다면 지금까지 상상하지도 못했던 연구 성과와 새로운 개발물이 줄을 이을 것으로 예측돼요.

손상된 DNA의 복구 과정 연구, 노벨 화학상

2015년 노벨 화학상의 주인공은 DNA예요. 20세기 중반, 미국의 분자생물학자 제임스 왓슨과 영국의 분자생물학자 프랜시스 크릭이 DNA 이중나선의 구조를 발견하며 화학 분야에 큰 변화가 생겨요. 많은 화학자들이 DNA가 어떻게 반응하는지, 우리 몸에 어떤 영향을 미치는지 연구하기 시작한 것이지요.

그런데 'DNA인데 왜 생리의학상이 아니라 화학상을 받은 거지?' 이렇게 궁금해하는 친구들이 분명히 있을 거예요. 2015년 노벨 화학상 수상자들은 DNA 반응의 원인과 과정을 좀 더 분자 수준에서 확인하고 분석했어요. 그 결과 노벨 화학상을 받을 수 있었지요.

2015년 노벨 화학상 수상자는 토머스 린달 영국 프랜시스크릭 연구소 명예소장과 폴 모드리치 미국 듀크대학교 교수, 아지즈 산자르 미국 노스캐롤라이나대학교 교수예요. 이 세 과학자들은 일부 손상된 DNA가 스스로를 치료하는 과정을 밝혀내 암을 비롯한 질병 치료와 노화를 이해하는 데 큰 기여를 했어요.

DNA는 우리 유전자를 구성하는 물질로, 아데닌(A), 구아닌(G), 시토신(C), 티민(T) 등 네 가지 염기체의 서열에 의해 그 성질이 달라져요. 이 네 가지 염기체가 어떤 순서로 결합하는지에 따라 서로 다른 종류의 단백질이 만들어져 사람들마다 눈, 코, 입의 위치가 다르고 얼굴 모양이 다 다른 거예요. DNA의 염기체는 태어날 때부터 일정한 순서로 배열돼 있어요.

그런데 DNA는 살면서 바뀌기도 해요. 방사선이나 독성 물질에 노출되거나 가혹한 환경에 살며 크게 스트레스를 받으면 DNA가 손상돼 각종 질병이 생기고 수명이 단축될 수도 있지요. 무섭죠? 다행스러운 건, 손상된 DNA가 스스로 잘못된 염기체를 잘라내고 새로운 염기체로 대체하기도 한다는 점이에요. 고마워, DNA야! 토머스 린달은 바로 이 현상을 발견한 공로로 2015년 노벨 화학상을 수상했어요.

또, 폴 모드리치 교수는 한 쌍으로 이루어진 DNA가 서로의 염기체 중에서 짝이 맞지 않는 부분을 고치는 현상을 규명했어요. 아지즈 산자르 교수는 자외선으로 손상된 DNA는 염기체뿐만 아니라 뉴클레오티드 성분까지 복구한다는 사실을 밝혀냈지요. 윽, 이게 다 무슨 말이냐고요? 하핫, 너무 그렇게 인상 쓰지 마세요. 자세한 내용은 3장 〈2015년 노벨 화학상〉에서 알려드릴게요!

잠깐! 이그노벨상을 아시나요?

얼핏 보면 노벨상이랑 비슷한 이름이라 헷갈리는 상이 있어요. 바로 '이그노벨상(Ig Nobel Prize)'이에요. 이그노벨상은 노벨 과학상을 패러디해 만든 이색 노벨상이에요. 이색 노벨상인 만큼 엉뚱하고 황당한 연구를 한 사람에게 상을 주지요.

이 상은 1991년 미국 하버드대학교의 유머 과학 잡지인《황당무계 연구 연보(Annals of Improbable Research)》가 과학에 대한 관심을 불러일으키기 위해 만들었어요. 매년 물리학, 화학, 의학, 평화, 문학, 경제 등 기존 노벨상의 여섯 분야를 기본으로 수상하고, 새로운 분야의 상이 추가되기도 하고 그다음 해에는 없어지기도 하는 등 유동적으로 수상된답니다.

이그노벨상 시상식은 매년 가을, 진짜 노벨상 수상자가 발표되기 1~2주 전에 하버드대학교의 샌더스극장에서 이뤄져요. 엉뚱하고 황당한 상이라고 무시할 수만은 없는 게 매년 이그노벨상 시상식에 진짜 노벨상 수상자들도 참석해 논문을 심사하고 시상도 한답니다.

그렇다면 누가 이그노벨상을 수상할까요? 이그노벨상은 '흉내낼 수 없거나 흉내를 내면 안 되는' 업적에 수여해요. 한 해 가장 황당하고 재미있는 연구를 선정하는데, 일반적으로 엉뚱하면서도 독특한 연구를 하거나 '왜 이런 짓을 하나' 싶은 이상한 사람들에게 경각심을 일으키기 위해 주기도 한답니다.

하지만 그냥 웃고 넘겨서는 안 될 의미가 있는 상이에요. 위대한 과학은 대부분 엉뚱한 발상에서부터 시작되기 때문이지요. 엉뚱함을 실제 과학 연구의 밑거름으로 사용한 대표적인 예가 바로 2010년 노벨 물리학상 수상자인 안드레 가임 교수예요. 안드레 가임 교수는 탄소 나노 구조인 그래핀을 쉽게 만드는 방법으로, 우리가 흔히 사용하는 스카치테이프에 흑연을 붙였다가 떼어내는 방법을 사용했어요. 가임 교수는 이런 번뜩이는 아이디어로 2010년 노벨 물리학상을 받았지요. 가임 교수의 또 다른 번뜩이는 아이디어는 그의 연구 〈자석으로 개구리 띄우는 법〉에서도 찾아볼

그래핀(왼쪽)과 안드레 가임 교수(오른쪽)
그래핀은 탄소 원자들이 벌집과 같은 육각형 구조로 2차원 평면을 이루고 있는 나노 물질을 말한다. 물리적, 화학적 안정성이 매우 높아 미래의 신소재로 주목받고 있다. 안드레 가임 교수는 상온에서 투명테이프를 이용해 흑연에서 그래핀을 떼어내는 데 성공했고, 그 공로로 2010년 노벨 물리학상을 받았다. (출처: 위키미디어)

수 있어요. 가임 교수는 살아 있는 개구리를 자기력으로 공중 부양하는 실험을 한 뒤 '공중에 뜬 개구리가 편안해 보인다'고 이야기했어요. 가임 교수의 공중 부양 개구리 연구는 2000년 이그노벨상을 수상했답니다. 우리나라는 노벨 과학상 수상자가 없는 설움을 이그노벨상 수상으로 조금이나마 덜었답니다. 우리나라의 노벨상 수상자는

안드레 가임 교수의 연구 〈자석으로 개구리 띄우는 법〉
살아 있는 개구리가 자기력으로 공중 부양한 모습을 볼 수 있다. (출처: 위키미디어)

2000년 노벨 평화상을 받은 김대중 전 대통령이 유일하지만, 이그노벨상 수상자는 3명이나 있답니다. 1999년에 향기 나는 양복을 개발해 '환경보호상'을 받은 권현호 씨와 대규모 합동 결혼을 성사시켜 2000년 '경제학상'을 받은 문선명 씨 등이 그 주인공이지요.

2015년 25회를 맞은 이그노벨상 시상식은 9월 17일에 열렸어요. 2015년에는 어떤 엉뚱한 연구자들이 이그노벨상을 받았을까요?

2015년 이그노벨상 수상자

① 화학상: 삶은 달걀을 날달걀로 바꿀 수 있다.

삶은 달걀을 다시 날달걀로 바꿀 수 있을까요? 호주 플린더스 대학교 콜린 래스톤 교수는 삶은 달걀을 날달걀로 되돌릴 수 있는 장치인 'VFD'를 개발해 이그노벨 화학상을 받았어요. 이 기계는 삶은 달걀을 매우 빠르게 회전시켜서 만든 열에너지로, 엉겨 붙어버린 계란 흰자의 단백질을 다시 풀어준답니다. 가열한 단백질은 꽁꽁 싸맨 실타래 같은 구조를 하고 있는데 이걸 아주 빠르게 회전시켜, 회전하는 힘에 의해 단백질 사이의 고리가 끊어지는 거지요. 그럼 삶은 달걀이 다시 흐물흐물한 젤 상태가 되며 날달걀처럼 바뀌는 거예요.

이그노벨상의 마스코트
고정관념을 깨고 발상의 전환을 뜻하는 '생각하다 떨어진 로댕'을 보여주고 있다. (출처: 이그노벨상)

재미있는 건, 이렇게 날달걀 상태로 되돌릴 수 있는 건 흰자만 가능하다는 점이에요. 달걀을 삶으면 흰자는 연결 구조만 변하지만, 노른자는 분자의 구조까지 바뀌어 화학적 특징도 함께 변해요. 즉, 노른자를 삶으면 분자의 구조가 바뀌어 아무리 회전을 시켜도 날달걀 상태로 되돌릴 수 없는 거예요. 연구진은 앞으로 이 기계로

단백질을 합성하거나 구조를 바꿔서 약의 효능을 높인 항암제를 만들 수 있을 거라고 말했어요.

② 물리학상: 포유류가 방광을 비우기까지 걸리는 시간? 21초!

여러분 중에서 소변을 누는 동안 시간이 얼마나 걸리는지 재본 친구 있나요? 아마 이런 걸 측정해본 친구는 별로 없을 것 같아요. 미국 조지아공과대학교에 재직 중인 데이비드 후는 〈포유류의 소변 시간〉이란 연구로 2015년 이그노벨 물리학상을 받았어요. 데이비드 후는 어느 날 문득 사람이 방광을 비우는 데 시간이 얼마나 걸릴까? 궁금해졌어요. 그는 이런 궁금증을 바탕으로 다른 포유류의 소변 시간을 조사했지요. 이를 조사하기 위해 동물원의 코끼리, 염소 등 포유류를 찍은 동영상을 구해 소변 누는 장면을 집중적으로 보며 직접 시간을 재봤어요. 그 결과 대다수 포유류의 소변 시간이 21초라는 사실을 알아냈지요.

③ 문학상: 무심코 내뱉은 단어 '허(Huh)?'는 전 세계 공통!

이그노벨 문학상은 언어학자인 네덜란드 네이메헌대학교 마르크 딩게만세 교수 연구팀이 받았어요. 여러분은 혹시 친구들이랑 이야기하다가 잘 이해가 되지 않으면 무심코 '응(Huh)?'이란 단어를 뱉진 않나요? 마르크 딩게만세 교수는 이 단어가 전 세계에서 공통적으로 사용되고 있다는 것을 밝혔어요. 조사 결과 이 단어는 지역마다 조금 차이가 있었지만 거의 비슷한 발음으로 미국, 유럽, 아프리카뿐만 아니라 우리나라에서도 사용되고 있었지요. 딩게만세 교수는 '응?'이라는 단어가 짧으면서도, 자신이 잘 이해

하지 못했다는 것을 상대방에게 명확하게 전달하는 아주 중요한 역할을 한다고 결론 내렸답니다. 이 연구 결과는 2013년 국제학술지 《플로스원》에 발표됐는데 전 세계 20만 명의 연구자가 읽어 그해 가장 많이 읽힌 과학논문으로 꼽혔답니다.

마이클 스미스와 함께 2015년 이그노벨 생리곤충학상을 수상한 곤충학자 저스틴 슈미트
스미스가 벌침의 고통을 신체 부위별로 구분했다면, 슈미트는 곤충의 종류별로 총 78가지 침의 고통을 지수화했다. (출처: 이그노벨상)

④ 생리곤충학상: 벌에 쏘이면 어디가 가장 아플까?

벌이 다가올 때 나는 붕~ 소리만 들려도 몸이 움츠러들지 않나요? 벌에 쏘인다는 건 상상만으로도 싫고요. 그런데 스스로 벌에 쏘여 어디가 가장 아픈지 연구한 과학자가 있어요. 미국 코넬대학교 신경생물학과 박사 과정 중인 마이클 스미스가 그 주인공이지요. 마이클 스미스는 이른바 '벌침 통증 지수'를 구해 이그노벨 생리곤충학상을 받았어요. 스미스는 우연히 벌에 쏘인 뒤 생각보다 덜 아프자, 신체 부위별로 벌침의 통증이 얼마나 다른지 궁금했어요. 그리고 이 의문을 풀기 위해 직접 신체 25군데를 벌에 쏘였지요.

스미스는 미국 애리조나 주립대학교 곤충학자인 저스틴 슈미트 박사가 작성한 '곤충 침 고통지수'를 참고해, 벌에 쏘일 때 느끼는 통증을 1~10으로 나누어 지수화했어요. 스미스의 연구 결과에 따르면 벌에 쏘였을 때 가장 아픈 부위는 콧구멍, 윗입술, 남성 성기라고 해요. 가장 덜 아픈 부위는 머리, 가운데 발가락, 팔 윗부분이지요.

⑤ 의학상: 키스가 알레르기 증상을 낫게 한다!

의학상의 주인공은 일본의 알레르기 연구자 기마타 하지메예요. 그는 아토피 및 알레르기 증상이 있는 커플 30쌍에게 30분간 키스를 하게 한 뒤, 전후 혈액 성분을 비교해 알레르기 반응이 줄어들었는지 조사했어요. 그 결과 키스의 스트레스 해소 효과 때문에 알레르기 증상이 줄어든다는 사실을 과학적으로 증명할 수 있었지요.

⑥ 수학상: 자녀를 888명 가질 수 있는 비결은?

18세기 모로코 알라위 왕조 최고 통치자였던 물레이 이스마엘은 30년간 888명의 자녀를 뒀다고 알려졌어요. 엘리자베스 오버자우셔 오스트리아 빈대학교 인류학 교수와 카를 그라머 교수는 물레이 이스마엘 왕이 어떻게 888명의 자녀를 둘 수 있었는지 그 이유를 컴퓨터 시뮬레이션 프로그램을 통해 분석했어요. 그 결과 잠자리 횟수보다 이스마엘의 생식 능력이 일반인보다 뛰어났음을 알아냈지요. 두 교수는 이 업적을 인정받아 이그노벨 수학상을 수상했답니다.

⑦ 생물학상: 닭에게 꼬리를 달면 공룡 걸음걸이와 비슷해진다?

2015년 이그노벨 생물학상은 〈닭에 인공 꼬리를 붙이면 과연 티라노사우루스처럼 걸을까?〉를 연구한 5명의 칠레 과학자들이 받았어요. 이들은 '공룡의 조상인 새가 왜 공룡처럼 엉덩이에 무게중심을 두고 걷지 않을까?' 하는 궁금증을 갖게 됐어요. 그리고 '공룡과 새의 꼬리가 다르기 때문에 걷는 모습이 바뀌었을 것'이라는 가설을 세웠지요.

연구팀은 가설을 확인하기 위해 닭에게 공룡 꼬리처럼 생긴 인공 꼬리를 붙였어요. 그리고 인공 꼬리를 단 닭이 어떻게 걷는지 걷는 모습을 분석했지요. 그 결과 꼬리를 단 닭은 무릎보다는 엉덩이에 가까운 허벅지를 이용해 마치 공룡처럼 걷는다는 사실을 밝혔어요.

⑧ 기타

이 밖에도 2015년 이그노벨상은 경제학상, 진단의학상, 매니지먼트상을 시상했어요. 경제학상은 경찰이 뇌물을 거부할 경우 경찰에게 인센티브를 주는 방콕 경시청의 제도가 수상했어요. 진단의학상은 과속 방지턱을 넘을 때 아픈 정도에 따라 맹장염을 진단할 수 있다는 연구가, 매니지먼트상은 자연재해를 당했을 때 제대로 쓴맛을 못 본 CEO일수록 리스크를 즐기는 경향이 강하다는 것을 밝힌 연구가 각각 수상했답니다.

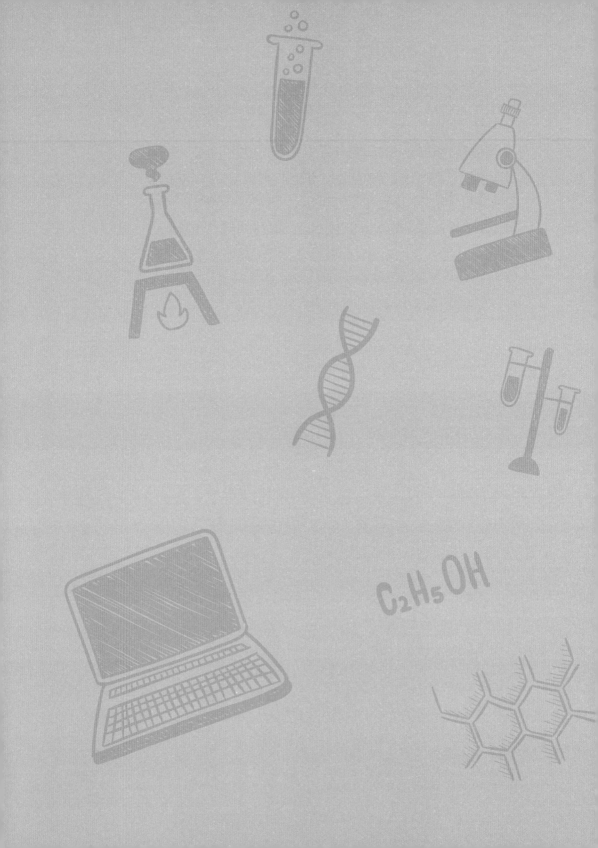

02

2015년 노벨 물리학상

우주의 무뢰한

중성미자, 그들은 너무 작아요.
전하도 없고 질량도 없고
상호작용도 전혀 없지요.
그들에게 지구는 단지 바보 같은 공,
그저 뚫고 지나갈 뿐이지요.
먼지 아가씨들이 바람 잘 통하는 복도를 지나가듯이
광자가 유리창을 지나듯이.
그들은 매우 아름다운 기체도 무시하고
매우 크고 단단한 벽과
차가운 강철과 소리 내는 놋쇠도 무시해요.
또 마구간의 종마도 모욕하고
계급 장벽도 경멸하고
당신과 내게 스며드네요! 마치 높고도
고통 없는 기요틴처럼, 그들은
우리의 머리를 통과해 풀밭 속으로 떨어져요
한밤에 네팔에서 날아든 그들이
침대 아래쪽으로 날아들어
사랑하는 연인을 뚫고 지나가요. 당신은
그것이 아주 멋지다고 여겨요. 나는 그것을 무신경하다고 말하지요.

존 업다이크(1960년, 12월)

Cosmic Gall

Neutrinos, they are very small.
They have no charge and have no mass
And do not interact at all.
The earth is just a silly ball
To them, through which they simply pass,
Like dustmaids down a drafty hall
Or photons through a sheet of glass.
They snub the most exquisite gas,
Ignore the most substantial wall,
Cold-shoulder steel and sounding brass,
Insult the stallion in his stall,
And, scorning barriers of class,
Infiltrate you and me! Like tall
And painless guillotines, they fall
Down through our heads into the grass.
At night, they enter at Nepal
And pierce the lover and his lass
From underneath the bed you call
It wonderful; I call it crass.

by John Updike

중성미자에 대한 노래

'시'라고 하면 보통 문학의 한 장르라고만 생각해 과학과는 동떨어
진 분야라고 생각할 거예요. 그런데 1960년에 미국의 소설가이자
시인인 존 업다이크는 중성미자에 대한 시를 썼어요. 업다이크는
시에서 중성미자의 독특한 성질을 묘사하며 '우주의 무뢰한'이란
제목을 붙였어요. 이 시가 발표된 지 50년이나 지났지만, 2015년
중성미자가 노벨 물리학상의 주인공이 되면서 다시 주목받았어
요.

　업다이크의 시는 중성미자의 특징을 잘 설명하고 있지만, 시간
이 흘러 중성미자의 성질이 밝혀지며 수정해야 할 부분도 생겼어
요. 바로 질량이 없다는 부분이에요. 2015년 노벨 물리학상을 수
상한 일본의 카지타 타카아키 도쿄대학교 교수와 캐나다의 아서
맥도널드 퀸스대학교 교수는 중성미자가 질량이 있다는 사실을
밝혔답니다. 그들은 중성미자가 0에 가까울 정도로 질량이 매우

작지만, 어쨌든 질량이 0이 아님을 밝혀냈지요.

그런데 여러분 중성미자란 말이 너무 생소하지 않나요? 중성미자란 대체 뭘까요? 2015년 노벨 물리학상을 알아보기 전에 먼저 중성미자란 무엇인지, 중성미자의 정체가 어떻게 밝혀졌는지 그 역사부터 살펴보도록 해요.

중성미자는 유령 입자?

이 세상은 무엇으로 이루어져 있을까요? 아마도 이 질문은 인류가 탄생한 뒤 생각이란 걸 하게 되면서 끊임없이 계속된 질문일 거예요. 사람들은 이 질문에 대한 답을 찾다가 결국 모든 물질이 기본적인 알갱이로 이루어져 있을 거란 생각을 하게 돼요. 그리고 이런 기본적인 알갱이는 더 이상 작은 것으로 쪼갤 수 없는 가장 기본적인 물질이라고 생각했어요. 이런 기본적인 알갱이를 과학자들은 '입자'라고 부르지요.

아주 옛날 고대의 사람들은 이 세상이 공기, 불, 물과 같은 요소로 이루어졌다고 생각했어요. 하지만 현대를 살고 있는 여러분은 공기, 불, 물이 기본 알갱이가 아니라는 사실을 알고 있어요. 정확하게는 모르지만 '원자'라는 기본 알갱이가 있다는 사실을 알지요. 그런데 현대의 과학자들은 원자보다 더 작은 알갱이들을 찾아냈어요. 이 중 하나가 바로 2015년 노벨 물리학상의 주인공인 중성미자예요. 중성미자는 우주를 이루는 기본 입자로, 빛의 입자인 광자에 이어 우주에서 두 번째로 많은 입자예요. 사실 우주에 가득 차 있을 뿐만 아니라 우리 주변에도 가득 차 있지만 눈에 보이지는 않지요.

이렇게나 많은 중성미자는 어디서 어떻게 만들어지고 있는 걸까요? 이 입자는 핵이 분열하거나 융합할 때 만들어져요. 핵에 대해서는 다시 바로 뒤에서 설명할게요.

중성미자가 만들어지는 핵융합 반응이 일어나는 대표적인 곳은 바로 태양이에요. 태양은 중심부에서 수소 핵융합 반응을 일으키며 열과 빛을 만들어낸답니다. 또한 이와 함께 1초에 100억 개의 중성미자를 지구로 방출하고 있지요.

문제는 이 중성미자가 전기적으로 중성이라 다른 물질과 거의 반응하지 않는다는 점이에요. 이게 왜 문제냐고요? 어떤 물질과도 거의 반응하지 않으니 웬만한 방법으로는 중성미자를 볼 수도, 찾을 수도 없거든요. 그래서 과학자들은 아직도 중성미자의 성질을 거의 알아내지 못했답니다. 이런 이유로 과학자들은 중성미자를 '유령 입자'라고 부르지요. 분명 있는 건 알겠는데 보이지도 않고 잡히지도 않으니 그야말로 유령 같을 수밖에요.

태양에서 방출된 중성미자는 대략 0.04초 만에 지구를 그냥 관통해 지나가고 있어요. 우리 엄지손톱만 한 면적에도 매초 약 700억 개의 중성미자가 통과하고, 우리가 쿨쿨 잠을 자는 한밤중에도 매순간 300만 개가 우리 몸을 뚫고 지나가지요. 하지만 여러분 중 중성미자가 내 몸을 통과하고 있다는 사실을 느끼는 친구는 없을 거예요.

중성미자는 태양뿐만 아니라 블랙홀과 초신성, 은하 중심부 등에서도 만들어지고 있어요. 이 중 블랙홀처럼 매우 큰 천체 활동에 의해 생긴 중성미자는 특별히 '고에너지 중성미자'라고 불러요. 이들은 우주를 구성하는 물질에 대한 정보를 담고 있기 때문에 천체물리학자들에게 중요한 연구 대상이 되고 있어요. 중성미자는 태양이 오랫동안 안정되게 빛날 수 있도록 하고, 초신성과 같이 별이 폭발하는 데도 없어서는 안 될 중요한 입자랍니다.

중성미자의 또 다른 성질은 무척 빠르다는 거예요. 빛과 달리기 경쟁을 해도 비슷할 정도지요. 하지만 빛보다 빠른지, 같은지, 느린지 정확하게 밝혀지지는 않았어요. 2011년 유럽입자물리연구소에서 중성미자가 광속보다 더 빠르다는 연구 결과를 발표했지만, 결국 오류로 결론이 났거든요.

과학자들이 중성미자를 관측하는 방법 중 가장 잘 알려진 건, 중성미자가 물 분자를 이루는 원자핵과 상호 반응할 때 발생하는 현상을 관측하는 거예요. 남극 대륙의 거대한 얼음 밑에는 얼음을 뚫고 줄줄이 소시지처럼 연결된 관측기들이 있어요. 이는 중성미자를 관측하기 위한 장치로 '아이스큐브'라고 부른답니다. 아이스큐브 관측기는 줄의 길이가 2.5킬로미터에 달하고 이런 줄이 80여 개 있어요.

또한 2015년 노벨 물리학상을 수상한 일본인 과학자는 '슈퍼 카미오칸테 관측기'를 통해 중성미자를 관측했어요. 슈퍼 카미오칸테 관측기는 높이 41.1미터, 너비 39.3미터의 물탱크예요. 여기에는 100퍼센트 순수한 물이 들어 있지요. 아니, 그냥 거대한 물탱크 같은데 무슨 유령 입자라고 불리기까지 하는 신비로운 입자를 관측한다는 걸까요? 이 관측기가 어떻게 중성미자를 잡아내느냐고요? 궁금한 친구는 노벨 물리학상 편을 끝까지 읽으면 그 비밀을 알 수 있어요.

왜 자꾸 뒤로 미루느냐고 불만인 친구들이 있을지도 모르겠네요? 하지만, 노벨상 수상 업적은 매우 어려운 과학이에요. 처음부터 모든 것을 알기란 어렵지요. 중성미자가 질량이 있다는 연구 결과를 알기 위해서는 먼저 알아야 할 것이 산더미 같답니다. 단계를 밟아 차근차근 알려주려는 것이니 놓치지 말고 잘 따라 오세요!

아무튼 중성미자는 현대 과학으로도 아직 풀리지 않은 비밀이 많은 미스터리한 녀석이에요. 그래서 과학자들은 중성미자의 비

Q. 중성미자는 빛보다 빠르다?

2011년 9월 22일 유럽입자물리연구소에서 중성미자가 빛보다 60나노 초 더 빠르다고 발표했어요. 유럽입자물리연구소는 732킬로미터 떨어진 두 도시를 대상으로 중성미자 1만 5000개를 쏘아 보냈어요. 그 결과, 중성미자가 평균적으로 빛보다 60나노 초 더 빨리 도달한 거지요. 유럽입자물리연구소는 같은 해 11월 20일 재실험을 한 결과 같은 결론을 내렸답니다. 그런데 다음 해인 2012년 2월, 연구진은 실험 과정 중 오류가 생겼을 수도 있다는 가능성을 발견해요. 그래서 이 실험 과정을 전면 재검토했지요. 그 결과 광섬유케이블과 검출기의 메인 컴퓨터가 느슨하게 연결돼 잘못된 실험 결과가 나왔을 가능성을 찾아냈어요. 이 오류를 적용해 실험을 계산해본 결과, 연결이 느슨하면 광신호가 전달되는 시간이 수십 나노 지연돼 중성미자가 빛보다 60나노 초 빨리 도착할 수 있다는 것이 밝혀졌어요. 연구진은 장비의 결함을 고치고 다시 실험을 했어요. 그러자 중성미자는 빛보다 느리게 도착했지요.

밀을 풀기 위해 노력해왔어요. 그리고 중성미자의 비밀을 하나씩 처음으로 밝혀낸 과학자들은 1988년, 1995년, 2002년, 그리고 2015년에 각각 노벨 물리학상을 받았지요.

중성미자 발견의 역사

① 점점 더 작은 기본 알갱이를 찾아서!

여러분은 혹시 원자에 대해 들어본 적 있나요? 그래도 중성미자에 비해 훨씬 많이 들어본 단어죠? 앞에서 원자를 기본 알갱이라고 설명했어요. 하지만 현대의 과학자들은 원자보다 더 작은 입자를 찾아냈다고도 했어요. 기본 알갱이라면 더 이상 쪼개지면

가속기

가속기는 소립자를 높은 에너지로 가속하는 장치예요. 가속기의 종류는 충돌형과 정지 타겟형으로 나뉘는데, 충돌형은 2개의 소립자를 정면충돌시키는 장치이고, 정지 타겟형은 멈춰 있는 소립자에 고에너지 소립자를 충돌시키는 장치지요. 오늘날의 입자물리 연구에서는 거의 충돌형 가속기가 이용되는데, 이는 충돌형 가속기가 더 높은 에너지를 만들어내기 때문이에요. 충돌로 인해 높은 에너지가 만들어질수록 질량이 큰 미지의 소립자를 발견할 가능성도 커지거든요. 현대 물리학에서는 매우 무거운 질량을 갖고 있을 거라 예측되는 여러 소립자들을 발견하는 것이 최대 과제예요. 이를 위해서는 높은 에너지를 내는 충돌형 가속기가 필요하지요.

안 되는데…… 이상하죠?

원자는 물질을 쪼개고, 또 쪼개고, 계속해서 쪼갰을 때, 화학적인 특성을 잃지 않는 범위에서 더는 깨지지 않는 기본 알갱이(입자)를 말해요. 20세기 이전까지만 해도 과학자들은 원자가 더는 깨질 수 없다고 생각했어요. 가장 처음 원자에 대해 말한 사람은 놀랍게도 고대 그리스의 철학자 데모크리토스예요. 그는 물질이 '원자'라는 아주 작고 단단하며 눈에 보이지 않는 알갱이로 돼 있다고 생각했어요.

> 관습적으로 색깔이 있다
> 관습적으로 달콤함이 있다
> 관습적으로 쓴맛이 있다
> 그러나 실제로는 원자와 공간이 있다
> −고대 그리스의 철학자 데모크리토스(기원전 400년 경)

고대 그리스 시대의 데모크리토스 이후 거의 2000년이 지나서야 인간은 원자를 과학적으로 설명하기 시작했어요. 1803년 영국의 과학자 돌턴은 '모든 물질이 더 이상 쪼갤 수 없는 작은 입자인 원자로 이루어져 있다'는 '원자설'을 주장했어요. 돌턴은 같은 원소의 원자는 크기, 모양, 질량 등 모든 성질이 같고, 다른 종류의 원자는 성질이 다르다고 말했지요.

돌턴의 원자설에 의하면 원자는 더 이상 쪼개지지 않아야 하지만, 20세기 들어서면서 원자도 더 작은 입자로 쪼개질 수 있다는 사실이 밝혀졌어요. 또 같은 종류의 원자라 하더라도 질량이 다를 수 있다는 사실도 밝혀졌지요. 같은 종류의 원소인데 질량이 다른 원자를 '동위원소'라고 해요. 예를 들어 같은 탄소인데도 어떤 탄소는 질량이 12이고, 또 다른 탄소는 질량이 13이랍니다. 질량 12인 탄소와 질량 13인 탄소는 서로 동위원소 관계인 거지요.

이렇게 돌턴의 원자설은 잘못된 부분이 있다는 사실이 밝혀졌지만, 원자라는 개념을 이해하는 데 매우 유용하게 쓰였어요. 또, 원자에 대한 연구를 하는 데도 큰 역할을 하고요.

돌턴 이외에도 과학자들은 원자를 이해하기 위한 여러 가지 모형을 제시했어요. 영국의 물리학자인 톰슨은 1897년에 처음으로 '전자'를 발견한 과학자예요. 전자가 발견되면서 돌턴의 원자설은 깨어지고 말지요. 톰슨은 원자가 전기적으로 중성이므로 같은 양의 양전하가 있어야 한다고 생각했어요. 그래서 원자는 양전하의 바다 속을 전자들이 균일하게 떠다니고 있는 모습이라고 생각했지요. 마치 푸딩 속에 건포도가 박혀 있는 것처럼 전자가 원자 내부 곳곳에 흩어져 있다고 말했지요.

하지만 톰슨의 건포도 푸딩 모형은 자신의 제자인 어니스트 러더퍼드에 의해 틀렸다는 것이 밝혀져요. 영국

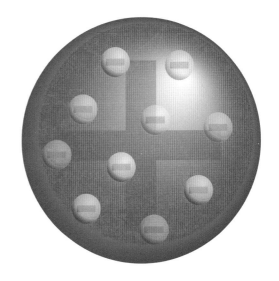

톰슨의 원자모형 (출처: 위키미디어)

의 물리학자 러더퍼드는 1909년 실험을 통해 원자의 중심에 대부분의 질량과 양전하가 집중돼 있고 원자 내부의 대부분은 빈 공간이라는 것을 발견했어요. 원자의 중심에 대부분의 질량과 양전하가 집중된 것, 여러분은 이게 무엇인지 알고 있나요? 네. 바로 '원자핵'이에요.

이제 과학자들은 원자가 가장 작은 입자가 아니라, 원자핵과 전자로 구성돼 있다는 것을 알게 됐어요. 과학자들의 질문은 여기서 끝났을까요? 과학자들의 궁금증은 계속됐어요.

'그렇다면 핵은 기본적인 입자일까?'

처음에는 핵이 매우 작고 단단하며 질량 밀도도 높아 깨어지지 않는 기본 입자라고 생각했어요. 하지만 핵

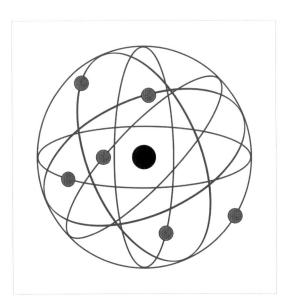

러더퍼드의 원자 모형 (출처: 위키미디어)

역시 다시 양의 전하를 띤 양성자와 전하를 띠지 않는 중성자로 깨질 수 있다는 사실이 알려졌어요.

'그렇다면 양성자와 중성자는 기본 입자일까?'

과학자들의 호기심은 끝나지 않았어요. 그리고 양성자와 중성자 역시 더욱 작은 '쿼크'라는 입자로 이루어져 있다는 사실을 알아냈지요. 쿼크는 여섯 가지 종류가 있으며 물리학자들은 이 6개

의 쿼크를 3개의 쌍으로 분류하고 있어요. 이제 물리학자들은 쿼크와 전자를 비롯한 몇 개의 소립자들이 더 이상 쪼갤 수 없는 기본 입자라고 생각하고 있어요.

하지만 확신할 수는 없어요. 과학이 더욱 발달하는 미래에는 쿼크도 깨어지고 더 작은 기본 입자가 짠! 하고 등장할지도 모르지요. 과학은 의심하는 가운데 계속해서 발달해왔으니까요.

현대의 물리학자들은 쿼크 이외에 또 다른 새로운 입자를 찾기 위해 연구하고 있어요. 새로운 입자들을 찾아 이들을 분류하고,

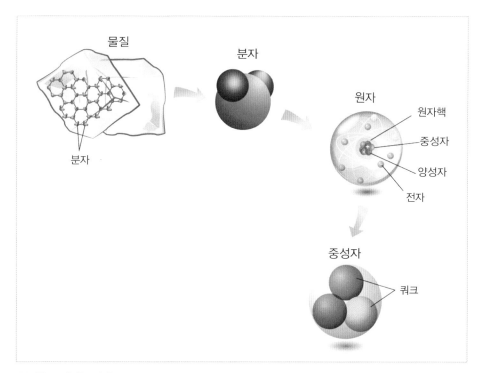

물질을 구성하는 입자

우주를 구성하고 있는 이 기본 입자들이 서로 어떻게 상호작용하며 서로 떨어지지 않게 붙들고 있는지 설명하려고 하지요. 이를 '표준모형'이라고 해요. 표준모형에 대해서는 뒤에서 조금 더 설명

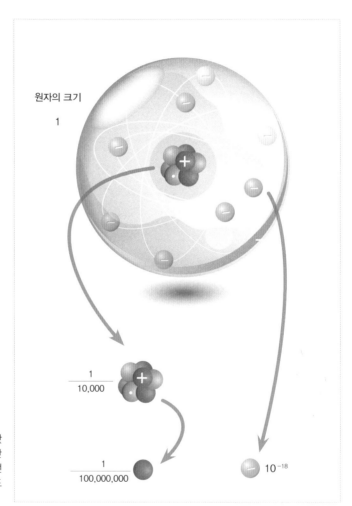

원자의 크기

1

$\dfrac{1}{10,000}$

$\dfrac{1}{100,000,000}$

10^{-18}

원자 속 입자의 크기
원자의 크기를 1이라고 봤을 때, 핵은 원자보다 1만 배 정도 더 작고, 쿼크와 전자는 또 핵보다 1만 배 정도 더 작다.

할 일이 있을 거예요.

이제 종합해볼까요? 원자는 양의 전하를 띤 핵과 음의 전하를 띤 전자구름으로 이루어져 있어요. 전자들은 핵 주변을 돌며 일정한 운동을 하고 있지요. 그리고 핵 속에는 양성자와 중성자 들이 묶여 있으며, 양성자와 중성자 속에는 다시 쿼크들이 묶인 형태예요.

우리는 원자를 매우 작다고 느끼지만, 핵은 원자보다 1만 배 정도 더 작고, 쿼크와 전자는 또 핵보다 1만 배 정도 더 작아요. 만약 양성자와 중성자의 지름을 1센티미터라고 가정하면, 전자와 쿼크는 머리카락의 지름보다도 작을 거예요. 그리고 원자의 지름은 30개의 축구장을 이어붙인 길이보다도 클 거예요. 전체 원자 부피의 99.999999퍼센트는 빈 공간이거든요. 그런데 원자가 깨지는 게 우리 생활과 무슨 상관이 있을까요? 우리가 일상생활에서 사용하는 전기의 40퍼센트 정도는 원자력 발전을 통해 만들어지고 있어요. 원자가 깨어질 때 나오는 에너지가 바로 원자력 에너지예요. 원자력 에너지는 우라늄이나 플루토늄 같은 원자의 원자핵을 깨뜨릴 때 나온답니다. 바로 이 원자력 에너지 덕분에 우리는 휴대전화를 충전할 수도 있고, 밤에 환하게 불을 켠 채 텔레비전을 볼 수도 있는 거예요.

② 에너지보존법칙을 설명하기 위해 탄생한 묘한 입자, 중성미자

그럼 이야기를 다시 앞으로 돌려볼까요? 이번에는 조금 다른 이야기를 할게요. 여러분, 방사능이 건강에 안 좋다는 말은 많이 들어봤죠? 방사능을 많이 쬐면 몸속에 있는 세포나 유전자를 변

형해서 암이나 돌연변이를 일으켜 또 다른 질병이 생길 수 있어요. 방사선에 너무 많이 노출되면 죽을 수도 있고요. 그런데 이런 방사능은 왜 생기는 걸까요?

방사능은 한 원소의 핵이 다른 원소의 핵으로 바뀔 때 나와요. 이런 과정을 '방사능 붕괴'라고 하지요. 방사능 붕괴는 알파 붕괴, 베타 붕괴, 감마 붕괴가 있어요. 이 중에서 우리가 주목해야 할 건 '베타 붕괴'예요. 2015년 노벨 물리학상의 주인공인 중성미자와 베타 붕괴는 깊은 관계가 있거든요.

베타 붕괴는 원자핵 속의 중성자가 양성자로 변하면서 전자가 핵 밖으로 튀어나오는 현상이에요. 이 과정에서 방사능이 나오지요. 1911년 오스트리아의 물리학자 리제 마이트너와 독일의 화학자 오토 한은 이 베타 붕괴 현상을 관찰하다가 이상한 점을 발견했어요. 바로 베타 붕괴 과정에서 에너지와 운동량이 보존되지 않는 거였어요. 에너지? 운동량? 이게 다 무슨 말이냐고요?

여러분은 혹시 에너지보존법칙이라고 들어본 적 있나요? '에너지보존법칙'이란 에너지가 그 형태를 바꾸거나 다른 물체로 옮겨져도 그 전체의 양은 변함이 없다는 법칙이에요. 이 법칙은 19세기 중엽 독일의 과학자 헬름홀츠 마이어와 영국의 과학자 줄 등에 의해 만들어진 뒤, 가장 기본적인 물리법칙으로 여겨지고 있답니다. 그런데 물리학자인 리제 마이트너와 화학자인 오토 한이 베타 붕괴를 관찰하다가, 기본 중의 기본 물리법칙인 에너지보존법칙이 성립하지 않는다는 걸 발견한 거예요. 두 사람이 발견한 이 이상한 현상 때문에 물리학자들은 깊은 고민에 빠졌어요.

1930년 12월, 물리학자들이 이 문제를 해결하기 위해 독일의

튀빙겐 시내에 모여 학회를 열었어요. 당시 물리학의 대부로 알려진 닐스 보어는 원자핵의 세계에서는 물리학의 기본 법칙이 바뀌기 때문에 에너지보존법칙이 성립하지 않는 거라고 말했어요. 그의 말은 파장이 컸어요. 그리고 에너지보존법칙은 무너질 위기에 처했지요.

이때 미국의 젊은 이론물리학자 볼프강 파울리가 등장했어요. 파울리는 누구도 생각지 못한 흥미로운 아이디어를 제시했지요.

'베타 과정 중에 전자와 양성자 말고 전하를 띠지 않는 극히 가벼운 입자가 방출되는데, 단지 과학자들이 발견하지 못했을 뿐이다.'는 것이었지요.

파울리는 위의 주장과 함께, 발견되지 않은 입자가 전기도 띠지 않고 다른 물질과 전혀 상호작용도 하지 않아 웬만한 물질은 그냥 관통해버리는 특이한 점이 있다고 했지요. 그래서 어떤 실험 장치에 의해서도 검출되지 않은 거라고 말했지요. 게다가 이 입자는 측정이 불가능할 정도로 질량이 매우 작거나, 혹은 질량이 없을 수도 있다고 주장했어요. 즉, 파울리는 베타 붕괴에서 방출됐지만, 과학자들이 검출하지 못한 미지의 입자 때문에 마치 에너지보존법칙이 성립되지 않는 것처럼 보인 것뿐이라고 말한 거예요. 파울리의 주장에 학회에 모인 과학자들이 술렁였어요. 파격적인 주장이지만 논리적으로 나무랄 데 없는 말이었거든요.

파울리는 이 가벼운 미지의 입자가 전기적으로 중성이라는 사실로부터 '중성자(neutron)'(오늘날 중성미자로 불리는 입자이지만 초기에는 중성자라고 불림)라는 이름을 붙여요. 파울리 덕분에 에너지보존법칙은 물리학의 기본 법칙으로서 자리를 유지할 수 있었지요.

그런데 1932년 문제가 생겼어요. 영국의 물리학자 채드윅이 오늘날 중성자라 불리는 입자를 발견했거든요. 중성자는 앞서 살펴본 원자를 구성하고 있는 입자의 한 종류로, 전기적으로 중성인 입자예요. 그런데 이게 무슨 문제냐고요? 채드윅이 자신이 발견한 '중성자'에 파울리가 미지의 입자에 붙인 '중성자(neutron)'와 같은 이름을 붙인 거예요. 서로 다른 입자가 같은 이름을 갖게 되자 혼란이 빚어졌어요.

이 혼란을 정리한 건 이탈리아의 과학자 엔리코 페르미예요. 1933년, 페르미는 파울리의 가정을 토대로 베타 붕괴 현상을 설명하는 데 성공해요. 그리고 파울리가 말한 전기적으로 중성인 극히 가볍고 작은 입자인 '중성자'에 '중성미자(nutrino)'라는 새 이름을 붙여주었지요. 중성미자(nutrino)는 파울리의 '중성자(neutron)'에 '작다'라는 뜻의 이탈리아어의 접미어 '-ino'를 붙여서 만든 이름이에요. 즉, 전기적으로 중성인 작은 입자란 뜻이지요.

그런데 페르미는 어떻게 베타 붕괴를 설명했을까요? 다시 한 번 말하지만, 베타 붕괴는 원래 원자핵 속에 들어 있던 중성자가 원자핵에서 벗어나 홀로 있으면 양성자와 전자, 그리고 중성미자로 변하면서 에너지를 방출하는 현상이에요. 이때 중성자는 원자핵 밖으로 나온 지 약 10분이 지나면 베타 붕괴를 일으키지요.

이렇게 원자핵 밖으로 나온 중성자의 수명이 약 10분이라는 것을 처음 관측한 과학자가 바로 페르미예요. 페르미는 중성자의 수명을 측정하기 위해 '페르미의 포도주 병'이라고 알려진 장치를 만들었어요. 사실 이 아이디어는 간단해요. 원자핵이 연쇄반응을

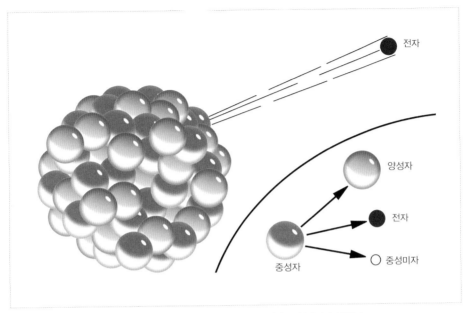

베타 붕괴가 일어나면 중성자가 양성자로 바뀌면서 동시에 전자와 중성미자가 생긴다.

일으키면 많은 중성자가 나와요. 따라서 원자핵이 연쇄반응을 일으키는 장치인 원자로 근처에는 많은 중성자들이 만들어져 자유롭게 운동하고 있지요. 중성자는 중성이라 금속이나 시멘트 등을 뚫고 자유롭게 드나들며 운동할 수 있거든요.

　페르미는 쇠로 만든 페르미의 포도주 병에서 공기를 모두 빼내어 진공으로 만들었어요. 그리고 진공 상태로 만든 페르미의 포도주 병을 원자로 근처에 놓고 중성자가 베타 붕괴하는 속도를 재보기로 했어요.

　이제 어떻게 됐을까요? 원래 중성자는 페르미의 포도주 병을

비롯한 거의 모든 물질을 자유롭게 통과할 수 있어요. 그래서 페르미의 포도주 병 안에는 중성자들이 들어가게 돼요. 하지만 시간이 지나면 중성자가 베타 붕괴를 일으키며 양성자와 전자로 변해 전기를 띠기 때문에, 페르미의 포도주 병 밖으로 나가지 못하게 돼요. 그럼 병 안에 남은 양성자와 전자가 결합해 '수소'로 변하지요. 양성자 1개와 전자 1개가 결합하면 수소가 되거든요.

페르미는 이 포도주 병 속에 갇힌 수소 기체의 양을 측정하고, 이 반응이 일어난 시간을 기록해 중성자의 수명을 알아낼 수 있었어요.

③ 입자계의 이단아 중성미자, 드디어 관측되다

앞서 중성미자는 에너지보존법칙이 성립하지 않는 현상을 설명하기 위해 파울리에 의해 이론적으로 예측된 입자란 것을 배웠어요. 그렇다면 중성미자가 실제 실험을 통해 발견된 건 언제일까요?

일단, 중성미자는 실제로 발견되기 전에 이론적으로 먼저 예측된 첫 번째 소립자랍니다. 원자나 중성자, 양성자, 전자 등의 다른 입자들은 먼저 입자가 발견된 뒤 이론적으로 연구됐지만, 중성미자는 정반대의 과정을 거친 거지요. 그야말로 입자계의 이단아라고 할 수 있어요. 참! 소립자란 건, 물질을 이루는 가장 작은 단위의 물질을 말해요. 현재 약 300여 종의 소립자가 알려져 있는데, 가장 먼저 발견된 소립자계의 큰형님은 전자랍니다.

중성미자는 이론적으로 예측된 지 20년이나 지나서야 실험적으로 발견됐어요. 사실 중성미자의 존재가 처음 예측된 1930년대만 해도 중성미자는 다른 물질과 거의 상호작용을 하지 않아 관측이 불가능하다고 생각했어요.

이런 유령 같은 중성미자의 꼬리가 밝힌 것은 1956년의 일이었어요. 미국의 물리학자 프레데릭 라이너스와 클라이드 코완이 핵발전소 근처에서 중성미자를 발견했지요. 그들은 10톤이나 되는 어마어마한 검출기를 만들어 원자로 속의 우라늄 동위원소 붕괴 과정에서의 베타 붕괴를 관찰한 결과 중성미자를 관측하는 데 성공했어요. 그들은 이 관측에 성공한 뒤, 파울리에게 전보로 이 기쁜 소식을 전했지요. 자신이 예측한 입자가 실제로 발견되다니……. 그 기쁨을 말로 표현하기란 정말 어려웠겠죠?

라이너스는 중성미자를 실험적으로 첫 관측한 공로를 인정받아 그로부터 40년 뒤인 1995년 노벨 물리학상을 받았어요. 안타깝게도 코완은 이미 세상을 떠난 뒤라 노벨상을 받을 수 없었지요.

④ 두 번째, 세 번째 중성미자가 등장하다!

이제 귀에 딱지가 앉을 정도로 들었겠지만, 중성미자는 전기적으로 중성이며 질량이 전혀 없는 입자로서, 보이지도 않고 다른 물질과는 거의 반응하지 않아요. 게다가 빛의 속도와 비슷한 속도로 달려 중성미자의 줄기를 완전히 차단하는 것은 불가능하지요. 만약 중성미자가 통과하지 못하도록 막으려면 지구에서 태양까지의 거리를 두께로 가진 강철 블록을 차곡차곡 쌓아야만 할 정도라고 해요.

한편, 태양은 지금도 수많은 중성미자들을 지구로 쏘아 보내고 있어요. 하지만 이 중성미자들은 어떤 흔적도 남기지 않고 지구를 관통해 지나가지요. 우주에 대한 그 어떤 비밀도 알려주지 않은 채 말이에요.

그런데 미국 콜롬비아대학교의 물리학자 리언 맥스 레더만과 멜빈 슈워츠, 잭 슈타인버거가 브룩헤이븐 국립연구소의 입자가속기를 이용해 세계 최초로 중성미자 빔을 설계해 완성했어요. 이들이 만들어낸 중성미자는 자연에서 발견되는 다른 중성미자들보다 큰 에너지를 갖고 있었어요. 큰 에너지를 갖고 있으면 다른 물질과 반응을 조금 더 잘할 수 있다는 말이지요. 따라서 수상자들이 만든 중성미자가 다른 물질과의 반응을 통해 어떤 정보를 가져다줄지 과학계의 기대가 컸어요.

연구팀은 중성미자의 충돌을 감지하기 위해 10톤의 무게를 가진 검출기를 설치하고, 다른 입자들이 중성미자의 반응을 방해하지 않도록 13미터 두께의 강철 벽을 세웠어요. 그리고 실험 결과, 1962년 두 번째 중성미자인 '뮤온 중성미자'를 발견하지요. 이들은 뮤온이란 입자가 붕괴하는 과정 중에 전자 중성미자와 함께 두 번째 중성미자가 방출되는 것을 관측했어요.

세 과학자는 인공적으로 중성미자 빔을 만드는 데 성공하고 두 번째 중성미자인 뮤온 중성미자를 발견한 공로를 인정받아 1988년 노벨 물리학상을 받았답니다.

그리고 1970년대 중반에는 세 번째 중성미자인 '타우 중성미자'가 간접적으로 발견됐어요. 1998년에는 미국 국립페르미가속기연구소에서 텅스텐 표적에 양성자 빔을 쏘아 타우 중성미자를 직접 관측했지요. 이로서 중성미자는 지금까지 전자 중성미자, 뮤온 중성미자, 타우 중성미자, 이렇게 세 종류가 발견됐답니다.

⑤ 우주에서 날아오는 중성미자를 관측하다

자, 여기까지 잘 따라 왔나요? 중성미자가 발견된 지도 벌써 50년의 세월이 흘렀어요. 하지만 중성미자는 자신의 존재만을 드러냈을 뿐, 한 종류가 아니라는 사실과 질량이 0이 아니라는 사실 정도만을 알려줬을 뿐이에요. 아직도 정확한 질량이나 속도 등 알려지지 않은 것들이 더 많지요.

중성미자의 다음 비밀은 뭘까요? 이번 이야기의 주인공은 우주에서 오는 중성미자를 관측하는 새로운 장치를 개발한 과학자들이에요. 이 과학자들은 2002년에 중성미자와 관련하여 세 번째 노벨 물리학상을 받았지요.

중성미자의 세 가지 종류와 진동변환을 표현한 그림
중성미자는 타우 중성미자(τ), 전자 중성미자(e), 뮤온 중성미자(μ)로 옷을 서로 갈아입을 수 있다.
(출처: 노벨위원회)

2002년 노벨 물리학상 수상자는 일본의 고시바 마사토시 교수와 미국의 레이먼드 데이비드예요. 이들은 우주에서 오는 중성미자를 관측하는 새로운 장치를 개발해 중성미자의 존재를 입증하고, 태양과 초신성 등 은하계를 관측할 수 있는 실마리를 제공한 공로를 인정받았지요.

원래 화학자이던 미국의 레이먼드 데이비스 교수는 1970년부터 태양에서 나오는 중성미자를 관측하기 시작했어요. 이를 위해 미국의 사우스다고타 주에 있는 깊은 금광에 염소(원소 기호 Cl)를 가득 채운 탱크를 설치했어요.

그리고 태양에서 오는 중성미자의 양이 이론적으로 예측된 값과 일치하는지 비교해보려고 했어요. 우선 데이비스 교수는 중성미자가 염소와 반응을 일으키면 아르곤과 전자로 변한다고 예상하고, 이론적으로 예측된 중성미자의 양이 맞다면 하루에 염소 원자 하나가 아르곤 원자로 바뀐다고 예상했지요.

그런데 잠깐! 태양에서 뿜어져 나오는 중성미자의 양을 어떻게 예측할 수 있을까요? 태양은 수소를 태우면서 빛을 내는 별이에요. 미국의 천체물리학자 존 바콜은 오랜 기간 태양 속에서 어떤 핵반응이 일어나는지 연구한 결과, 태양의 표면 온도와 핵융합 반응을 통해 태양에서 방출되는 중성미자의 양을 계산할 수 있다는 사실을 알아냈어요. 그리고 태양에서 나온 중성미자가 지구로 1초에 약 100억 개 가까이 도달한다는 걸 계산했어요.

데이비스 박사는 이 계산을 바탕으로 2년 동안 염소가 중성미자와 반응해 아르곤으로 변하는 원자핵 반응을 연구하는 방법으로 태양에서 오는 중성미자의 양을 관측했어요. 그런데 결과는 예상 밖이었어요. 태양에서 오는 중성미자 방출량이 예상보다 너무 적었던 거예요! 중성미자의 3분의 2가량은 어디론가 사라지고 말았지요.

대체 중성미자는 어디로 갔을까요? 데이비스 박사는 자신의 실험 과정에 잘못된 점이 있지 않을까 생각하고 가능한 모든 검증을 해보았어요. 하지만 아무런 잘못도 없다는 사실만을 확인했어요. 데이비스 교수는 이 이상한 문제를 '태양 중성미자 문제'라고 불렀어요.

태양의 핵융합 과정에서 나오는 중성미자가 지구에서 예상보다 훨씬 적게 관찰된다는 건 무엇을 의미하는 걸까요? 소련의 물리학자 폰태콜보 박사는 중성미자가 우리가 보지 않는 곳에서 다른 종류의 중성미자로 변신하는 게 틀림없다고 추측했어요. 이를 '중성미자 진동'이라고 부르지요. 폰태콜보 박사는 태양에서 방출된 전자 중성미자의 일부가 지구로 날아오는 중간에 뮤온 중성미자로 바뀌어, 지구에서 포착된 전자 중성미자의 양이 줄었다고 말했어요. 이 중성미자 진동은 다시 다음 과학자들에게 숙제로 남았지요.

데이비스 교수는 태양에서 날아온 중성미자를 관측해 인류가 우주를 보는 시야를 넓힌 업적으로 2002년 노벨 물리학상을 받았어요.

한편, 이때 함께 상을 받은 과학자는 일본의 고시바 마사토시 도쿄대학교 교수예요. 고시바 교수는 일본 도쿄 서쪽에 위치한 카이오카 광산의 깊은 지하 공간에 정제된 물 3000톤을 채운 거대한 탱크를 두고 중성미자 관측을 시도했어요. 이 검출기를 '카

미오칸데 검출기'라고 불러요.

고시바 교수는 카미오칸데 검출기로 1987년 초신성이 폭발했을 때 나온 중성미자를 최초로 검출했고, 1988년에는 태양에서 나온 중성미자를 포착하는 데도 성공했어요. 그는 이 업적으로 2002년 노벨 물리학상을 받았지요.

그런데 데이비스와 고시바 교수는 왜 깊은 땅속에 중성미자 검출기를 설치한 걸까요? 우주에서 쏟아지는 다른 소립자들은 지구의 다양한 물질과 반응해요. 하지만 중성미자는 다른 물질과 거의 반응하지 않는 성질 때문에 지하 공간에 안전하게 도달하지요. 이렇게 지하에 도달한 중성미자는 아주 드문 확률로 검출기 속 물에 있는 전자를 '빛보다 빠른 속도로' 튕겨내요.

이때 비행기가 음속을 돌파할 때 폭발음을 내듯, 전자가 '광속을 넘어서는' 순간에 미미한 청백색 빛이 나온답니다. 이를 '체렌코프광'이라고 부르지요. 카미오칸데의 증폭관은 바로 이 체렌코프광을 포착해 초신성 폭발로부터 나온 중성미자를 관측했어요.

데이비스는 태양 중성미자 관측으로 노벨 물리학상을 받았지만, 태양 중성미자 문제를 설명하기 위해 제안된 중성미자의 진동 변환은 또다시 과학자들이 풀어야 할 숙제로 남아요. 중성미자는 대체 왜 이론적으로 예측한 값과 맞지 않을까요? 중성미자가 태양에서 지구로 오는 도중에 사라진 걸까요? 아니면 폰태콜보 박사가 생각한 것처럼 중성미자가 변신을 한 걸까요?

그리고 이 숙제를 푼 과학자들이 바로 2015년 노벨 물리학상 수상자들이에요. 2015년 노벨물리학상을 받은 과학자들은 중성미자 진동 현상을 관측해 중성미자도 질량이 있음을 알아냈어요.

중성미자의 진동은 중성미자가 질량을 가지고 있다는 걸 의미해요. 2015년 노벨 물리학상에 대해서는 뒤에서 좀 더 자세히 알아보기로 해요.

초신성 1987A
가운데 빛나는 것이 초신성 1987A이다. 고시바 교수는 카미오칸데 검출기를 통해 초신성 1987A가 폭발했을 때 나온 중성미자를 최초로 검출했다. (출처: ESA/NASA)

2015년 노벨 물리학상 수상자들의 업적

짝짝짝! 현대 물리가 밝혀낸 중성미자의 정체를 이해하기 위해 지금껏 사투를 벌여온 독자 여러분, 축하합니다! 드디어 중성미자의 비밀을 밝혀낸 가장 최신의 노벨상 업적인 2015년 노벨 물리학상에 도달했습니다. 중성미자를 이해하기 위한 여러분의 도전도 끝이 보이기 시작하네요.

2015년 노벨 물리학상은 중성미자의 진동변환을 발견한 일본의 카지타 타카아키 교수와 캐나다의 아서 맥도널드 교수가 수상했어요. 물리학자들은 오래전부터 중성미자의 진동변환을 발견하는 과학자가 노벨 물리학상을 수상할 거라 예상해왔어요. 두 과학자가 중성미자의 진동변환을 발견함으로써 중성미자의 질량이 0이 아니라는 것을 알 수 있었지요.

그리고 중성미자의 질량이 0이 아니라는 사실이 밝혀지면서 물리학자들은 또 한 번 골치 아파지기 시작했어요. 표준모형을 약간 수정해야 했거든요. 하지만 걱정할 필요 없어요. 물리학자들은 문제가 생기면 시간이 걸리더라도 논리적, 과학적으로 반드시 문제를 푼 뒤 실험적으로 입증해왔으니까요. 그런데 중성미자의 질량이 0이 아닌 거랑 표준모형은 무슨 상관일까요?

나 질량 있어요! 표준모형, 너 바꿔!

표준모형은 현대 입자물리학의 기본을 이루는 이론으로, 물질을 구성하는 기본 입자들과 이들 입자 사이의 상호작용을 밝히고 있어요. 표준모형에 따르면 물질을 구성하는 성분에는 쿼크,

경입자(렙톤), 게이지 입자가 있어요. 이 중 중성미자는 경입자에 해당하지요. 경입자에는 중성미자 말고도 전자, 뮤온 입자, 타우 입자가 있답니다.

그런데 표준모형에서는 중성미자를 질량이 없는 것으로 가정해 왔어요. 광자처럼 질량이 없는 입자는 매우 안정적이기 때문에 다른 입자로 바뀌는 진동 현상이 일어나지 않지요. 그런데 2015년 노벨 물리학상 수상자들에 의해 중성미자의 진동변환이 실험적으로 증명되면서 중성미자는 질량이 있는 것으로 밝혀졌어요. 이제 과학자들은 표준모형이 보완돼야 하는 순간임을 인정할 수밖에 없었지요.

대기 중성미자의 진동변환 발견

원자의 핵을 구성하는 핵자 속에는 쿼크라는 소립자가 들어 있다고 했죠? 그런데 이 쿼크들 사이에 변환이 일어난다는 사실은 이미 알려져 있었어요. 과학자들은 세 종류의 중성미자들 사이에도 변환이 일어나는지 오래전부터 탐색해왔지요.

1983년 양성자 붕괴를 찾기 위해 약 3000톤의 정제된 물을 사용하는 카미오칸데 검출기가 지어졌어요. 1985년에는 일본의 도쿄대학교와 미국의 펜실베이니아대학교가 함께 카미오칸데 검출기를 개조해 태양 중성미자 관측을 시작했어요. 이 검출기로 1987년에 초신성으로부터 온 중성미자를 역사상 처음으로 관측하고, 1988년에는 태양 중성미자도 관측해 고시바 교수가 2002년 노벨 물리학상을 받았다고 앞에서 배웠어요.

바로 이 무렵 일본의 도쿄대학교 연구원이었던 카지타 교수는 양성자 붕괴를 탐색하다가 이를 방해하는 뮤온 중성미자에서 이상한 현상을 발견했어요. 지구 대기에서 만들어진 뮤온 중성미자가 예상보다 줄어든 양으로 측정된 거지요. 카지타 교수는 이 결과가 대기 중성미자가 지하 검출기로 날아오는 도중에 다른 종류의 중성미자로 변환했기 때문이라고 생각했어요.

그리고 1996년 카미오칸데가 '슈퍼 카미오칸데'로 몸집을 더욱 불렸어요. 슈퍼 카미오칸데는 직경 39.3미터, 높이 41.4미터, 물 5만 톤, 광전자 증폭관 1만 1200개 규모로 이전에 비해 약 20배나 더 커졌답니다.

카지타 교수는 자신의 생각이 맞는지 입증하기 위해 지하 1킬로미터 아래에 설치된 슈퍼 카미오칸데에서 실험했어요. 그 결과, 1998년 대기 중의 뮤온 중성미자가 날아오는 도중에 다른 종류의 중성미자로 변환을 일으키는 것을 발견했어요. 대기 중의 중성미자가 물 분자에 충돌했을 때 생기는 아주 약한 빛을 포착해 지구 대기에서 일어나는 중성미자 진동변환을 확인했지요.

어떻게 된 건지 좀 더 자세히 살펴볼까요? 카지타 교수는 지하 검출기 바로 위쪽 대기에서 약 20~30킬로미터의 비교적 짧은 거리를 날아온 중성미자는 원래 예측한 양 그대로 측정이 됐고, 지구 반대편 대기에서 약 1만 2000킬로미터의 먼 거리를 날아온 중성미자는 절반으로 줄어든 사실을 알아냈어요. 지구를 뚫고 오면서 관측 가능한 뮤온 중성미자가 관측 불가능한 타우 중성미자로 바뀐 중성미자 진동변환 때문에 일어난 현상이지요. 이렇게 해서 카지타 교수는 중성미자의 진동변환을 처음으로 관측한 과학자가 됐어요. 그리고 이 공로를 인정받아 2015년 노벨 물리학상을 받았지요.

이 실험은 일본, 미국, 한국의 국제공동연구로 진행됐어요. 그래서 카지타 교수의 노벨상 업적 논문에는 국내 연구진의 이름도 들어 있지요. 아직 노벨 과학상 수상자가 없다고 아쉬운 마음이 조금 뿌듯해지지 않나요?

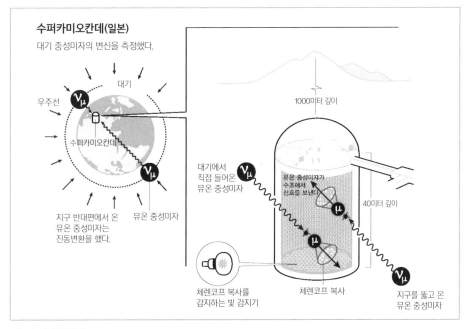

수퍼카미오칸데(일본)
대기 중성미자의 변신을 측정했다.

대기

우주선

ν_μ

수퍼카미오칸데

ν_μ

뮤온 중성미자

지구 반대편에서 온 뮤온 중성미자는 진동변환을 했다.

1000미터 깊이

대기에서 직접 들어온 뮤온 중성미자

ν_μ

뮤온 중성미자가 수조에서 신호를 보낸다.

μ

40미터 깊이

μ

체렌코프 복사를 감지하는 빛 감지기

체렌코프 복사

지구를 뚫고 온 뮤온 중성미자

ν_μ

슈퍼 카미오칸데
슈퍼 카미오칸데는 지구 대기에서 만들어진 중성미자를 탐지한다. 탱크 안에서 중성미자와 물 분자가 충돌하는 과정에서 발생한 '체렌코프 복사'를 빛 감지기가 감지한다. 체렌코프 복사의 형태와 강도는 이 반응을 일으킨 중성미자의 상태와 중성미자가 어디서 왔는지를 알려준다.
(출처: 노벨위원회)

태양 중성미자 진동변환 발견

카지타 교수와 비슷한 시기에 아서 맥도널드 교수는 캐나다 서드버리 관측소에서 중성미자의 변환을 확인했어요. 그는 태양 중성미자 문제가 정말 진동변환 때문인지 밝혀내기 위해 1999년부터 실험을 시작했어요.

캐나다 서드버리 지역에 있는 탄광의 1.5킬로미터 지하에 보통의 물(H_2O)보다 무거운 중수(D_2O) 1000톤을 채운 탱크를 설치하고 서드베리 중성미자 관측소(SNO)를 만들었지요. 그리고 바로 이 관측소에서 태양 중성미자에서 진동변환으로 생긴 중성미자

2015년 노벨 물리학상을 수상한 아서 맥도널드 퀸스대학교 교수(왼쪽)와 카지타 타카아키 도쿄대학교 교수(오른쪽)
중성미자가 진동해 또 다른 중성미자로 변한다는 것을 발견하면서 우주의 기원과 입자 물리학에 대한 이해를 높인 공로를 인정받았다. (출처: 노벨위원회)

를 포착하는 데 성공했답니다.

카미오칸데나 슈퍼 카미오칸데 실험에서는 태양 중성미자가 물 속의 전자와 반응해 신호를 내기 때문에 날아오는 도중에 뮤온이 나 타우 중성미자로 바뀌면 관측하기 힘들었어요. 하지만 서드베 리 중성미자 관측소의 검출기는 중수 속에 들어 있는 중수소 원 자핵의 양성자와 중성자가 약하게 결합하고 있기 때문에, 태양에 서 발생한 전자 중성미자뿐만 아니라 날아오는 도중에 진동변환

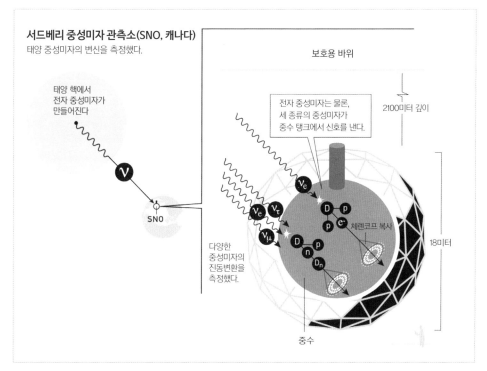

서드베리 중성미자 관측소(SNO, 캐나다)
태양 중성미자의 변신을 측정했다.

보호용 바위

태양 핵에서
전자 중성미자가
만들어진다

전자 중성미자는 물론,
세 종류의 중성미자가
중수 탱크에서 신호를 낸다.

2100미터 깊이

ν

SNO

다양한
중성미자의
진동변환을
측정했다.

체렌코프 복사

18미터

중수

서드베리 중성미자 관측소
서드베리 중성미자 관측소에서는 태양에서 날아오는 전자 중성미자를 탐지한다. 중성미자와 탱크 내부 중수 사이 의 반응을 통해 전자 중성미자를 비롯한 세 가지 상태의 중성미자를 모두 검출할 수 있다. (출처: 노벨위원회)

으로 생긴 뮤온과 타우 중성미자도 관측할 수 있어요. 이런 장점 덕분에 맥도널드 교수와 연구진은 2001년 태양 표준모형이 예측한 태양 중성미자 양을 전부 측정할 수 있었어요. 그 덕분에 도중에 중성미자 진동변환이 일어났음을 발견할 수 있었지요.

중성미자, 앞으로 풀어야 할 숙제

중성미자는 아직 풀리지 않은 비밀이 많아요. 현재 과학자들은 중성미자의 어떤 비밀들을 밝히기 위해 연구하고 있을까요?

진동변환에서 한 종류의 중성미자가 다른 종류의 중성미자로 얼마나 바뀌는지를 나타내는 상수가 있어요. 이를 '변환상수'라고 해요. 세 종류의 중성미자는 각각으로 진동변환을 일으키기 때문에 3개의 변환상수가 있지요.

이번에 노벨 물리학상을 수상한 카지타 교수는 전자 중성미자에서 뮤온 중성미자로 바뀌는 변환상수를, 아서 맥도널드 교수는 뮤온 중성미자에서 타우 중성미자로 바뀌는 변환상수를 각각 측정했어요. 그리고 타우 중성미자에서 전자 중성미자로 바뀌는 변환상수가 측정되지 않은 상태로 남아 있었지요. 이 상수는 한동안 미스터리로 남아 있었어요.

그러던 중 2012년에 국내 연구진과 중국 연구진이 마지막 남은 변환상수의 측정에 성공했어요. 이렇게 중성미자 진동변환과 관련된 3개의 변환상수가 모두 밝혀지며, 과학자들은 중성미자 진동변환에 대해 좀 더 깊이 이해하고, 중성미자의 비밀에 한 발짝 더 다가갈 수 있다고 생각했어요.

하지만 중성미자 진동변환에 또다시 이상 현상이 발견되고 있어요. 기존에 알려진 세 종류의 중성미자 진동변환으로는 이상 현상을 설명하기 어려웠지요. 이 현상을 해결하기 위해 과학자들은 네 번째 중성미자가 있다는 가설을 제시했어요.

이제 과학자들은 미지의 중성미자를 찾기 위해 또다시 실험에 나섰어요. 여기에는 국내 연구진들도 포함돼 있지요. 국내 연구진들은 영광 한빛원자력발전소 근처에 검출기를 설치하고 실험을 진행하고 있답니다.

또한 중성미자의 질량이 0이 아니라는 사실은 알았지만, 정확히 질량이 얼마인지는 알려지지 않았어요. 현재까지 추정한 중성미자의 질량은 0.32전자볼트(eV)로, 광자를 제외한 그 어떤 입자보다도 훨씬 가벼워요. 물론 이는 정확한 질량이 아니라 추정치예요. 그래서 과학자들은 여태까지 발견된 3개의 중성미자들의 질량을 알아내, 이 입자들 간의 질량을 비교하고자 노력하고 있어요. 그 밖에도 빛과 비슷하다는 중성미자의 속도는 얼마나 되는지 측정하기 위한 연구도 계속되고 있어요. 그런데 과학자들은 대체 왜 중성미자의 정체를 밝히려고 할까요? 중성미자가 우주 깊숙한 곳의 비밀을 지니고 있기 때문이에요.

우선, 중성미자는 우주를 구성하는 '암흑 물질'의 유력한 후보로 손꼽혔어요. 암흑 물질은 우주에 널리 분포하는 물질로, 빛과 상호작용하지 않으면서 질량을 가지는 물질이에요. 아직 암흑 물질이 어떤 입자로 이루어져 있는지 알려지지 않았어요. 이를 '암흑 물질 문제'라고 해요. 그런데 여기서 중성미자가 암흑 물질의 유력한 후보로 '손꼽혔다'는 과거형에 주목하세요. 최근에는 중성미자의 성질이 하나둘 드러나면서 암흑 물질의 후보로서 멀어진 분위기긴 해요.

원래는 중성미자가 우주에 상당히 많은 양이 존재하는 데다 다른 물질과 거의 상호작용을 하지 않는, 관찰이 어려운 신비한 입자라는 점에서 암흑 물질의 유력한 후보로 꼽혔어요. 하지만 질량이 0에 가까울 정도로 매우 가벼운 중성미자와 달리 암흑 물질은 아주 무거워야 된다고 밝혀졌어요. 바로 이 점 때문에 중성미자는 암흑 물질의 후보로 거의 탈락하고 말았지요.

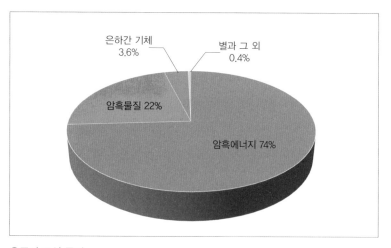

우주의 구성 물질
우주는 암흑 에너지 74%, 암흑 물질 22%, 은하간 기체 3.6% 등으로 이루어져 있다. 암흑 물질과 암흑 에너지의 정체는 아직 밝혀지지 않았다.

또한, 초신성에서 나오는 중성미자는 별 내부의 비밀을 간직하고 있고, 우주에 깔려 있는 중성미자는 우주가 어떻게 만들어졌는지 우주 탄생과 진화의 비밀을 지니고 있어요. 이처럼 중성미자는 많은 정보를 갖고 있지만, 인간은 아직 중성미자가 정확히 무엇인지도 확실히 파악하지 못하고 있어요. 중성미자에 대해 모르니 중성미자가 갖고 있는 정보를 해석하지 못하는 것은 당연하지요. 먼 훗날에는 다른 물질과 거의 상호작용하지 않는 중성미자의 성질을 이용해, 깨끗하고 잡음 없는 우주 개발 시대에 적합한 새로운 통신수단으로 활용될 지도 모를 일이에요. 실제로 1950년대 처음 중성미자가 발견됐을 당시, 미국 국방부는 중성미자를 잠수함의 통신 수단으로 이용할 계획을 세우기도 했거든요.

아직도 많은 과학자들이 중성미자의 정체를 알아내기 위한 연구에 도전하고 있어요. 일본의 카미오칸데를 비롯해 남극 대륙 얼음 속이나, 미국의 미시간 호수 밑, 프랑스와 이탈리아 국경의 몽블랑 터널 속 등에서 수많은 과학자들이 중성미자 검출장치로 중성미자의 정체를 알아내기 위해 한창 연구 중이지요.

중성미자의 다음 비밀을 풀 과학자는 누구일까요? 다음번에 또 중성미자의 비밀을 들려줄 과학자라면, 노벨 물리학상의 주인공이 될 가능성이 크겠죠? 중성미자가 품고 있는 비밀은 아직도 무궁무진하답니다. 어때요, 여러분들도 중성미자의 비밀을 풀고 노벨상에 도전해볼래요?

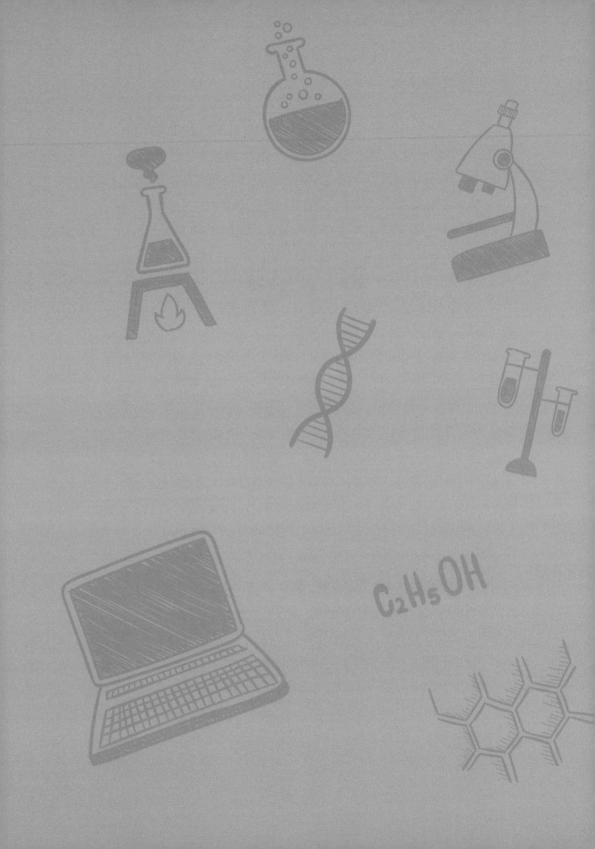

03

2015년 노벨 화학상

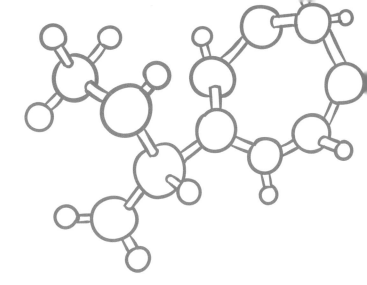

　여러분은 아빠와 엄마 가운데 누구를 더 많이 닮았나요? 눈은 아빠, 코는 엄마처럼 부위마다 골고루 닮았을 거예요. 자식이 부모를 닮는 이유는 부모로부터 유전물질을 물려받았기 때문이에요.

　생명은 처음에 수정란 하나로 시작해요. 수정란은 엄마의 난자와 아빠의 정자가 만나 생기는 세포 하나이지요. 수정란이 끊임없이 분열을 하면서 생명체의 모습을 찾아간답니다. 세포 하나가 둘로, 두 개가 네 개로, 네 개가 여덟 개로……. 이런 식으로 말이에요. 결국 사람의 모습을 다 갖춘 우리 몸에는 세포가 수조 개나 돼요. 1조는 1억이 1만 개나 되는 숫자예요. 정말 어마어마하지요? 그런데 세포는 각각 핵을 하나씩 갖고 있고, 이 핵 안에는 유전물질인 DNA가 똘똘 말려 있어요. 세포 하나에 들어 있는 DNA를 쭉 펴면 길이가 약 2미터나 돼요. 세포 하나의 길이가 약 0.01밀리미터 밖에 되지 않으니 정말 놀랍네요!

　그렇다면 우리 몸을 이루는 세포에 들어 있는 DNA를 쭉 펴서 모두 잇는다면 길이가 얼마나 될까요? 지구와 태양 사이를 250번이나 왔다 갔다 할 수 있을 만큼 어마어마한 길이가 된답니다!

DNA는 사슬 두 가닥이 나선 모양으로 꼬여 있어요. 우리는 아빠와 엄마로부터 DNA를 한 가닥씩 물려받지요. 그래서 우리는 부모님과 얼굴과 체형은 물론, 성격, 취향까지도 닮았답니다. 그런데 우리 몸에서는 하루에도 수백만 번씩 DNA 손상이 일어나요. DNA는 자외선이나 방사성 물질에 손상되기 쉽거든요. 만약 DNA가 손상된 채 살아간다면 어떻게 될까요? DNA가 손상되면 그 안에 들어 있던 유전정보도 망가질 거예요. 유전정보가 아예 없어질 수도 있고, 또는 전혀 다른 정보로 바뀔 수도 있겠지요. 결국 원래 유전정보와 다른 모습으로 세포와 장기가 만들어지고 결국 심각한 병에 걸리거나, 목숨을 잃게 될 거예요.

하지만 다행히 우리 몸은 DNA가 손상된 부분을 정확히 찾아 원래대로 고칠 수 있어요. 어떤 원인으로 손상됐느냐에 따라 복구할 수 있는 여러 메커니즘이 있지요. 스웨덴 생화학자인 토마스 린달과 미국의 생화학자인 폴 모드리치, 터키 출신의 생화학자인 아지즈 산자르는 손상된 DNA를 세포가 어떻게 복구하는지를 밝혀냈어요. 세 과학자는 이 업적을 인정받아 2015년 노벨 화학상을 받았답니다.

DNA는 정확히 어떤 성분이며 어떻게 생겼을까요? 어떻게 유전정보를 담고 있으며, 어떻게 유전정보대로 동식물을 만들고 생명을 유지할까요? DNA에 대한 재미있고 다양한 이야기와 이번에 노벨 화학상을 받은 세 과학자가 밝혀낸 손상된 DNA 복구 메커니즘에 대해 차근차근 알아볼까요?

DNA의 원래 이름은 '디옥시리보핵산'

DNA는 원래 이름인 디옥시리보핵산(Deoxyribonucleic acid)에서 한 글자씩 딴 이름이에요.

앞서 말했듯이 DNA는 세포마다 들어 있는 유전물질이지요. 사람뿐만 아니라 강아지, 고양이, 물고기, 새 같은 동물과 풀, 나무와 같은 식물, 그리고 눈에 보이지 않을 만큼 작은 세균과 바이러스도 유전물질을 갖고 있어요. 수명을 다하더라도 자손에게 자기 유전정보를 전달하기 위해서예요.

19세기만 하더라도 사람들은 DNA를 알지 못했어요. 내가 엄마와 아빠를 왜 닮았는지 전혀 알 수 없었다니 정말 답답했겠지요? 과학자들도 마찬가지였어요. 그래서 세포 안에 들어 있는 무언가의 정체를 밝히기 위해 노력했답니다.

1869년 스위스 화학자인 프리드리히 미셰르는 최초로 세포에서 DNA의 정체를 밝혀냈어요. 처음에 미셰르는 세포 안에 생명의 열쇠를 준 중요한 단백질이 들어 있을 거라고 생각했어요. 그리고 당시 가장 구하기 쉬웠던 세포인 백혈구를 관찰했지요. 백혈구는 피를 타고 돌아다니면서 몸속에 들어온 병원균을 잡아먹는 세포예요. 그래서 근처 병원에서 버리는 붕대만 입수해도 고름 속에 들어 있는 백혈구를 쉽게 구할 수 있었답니다.

미셰르가 예상했던 것처럼 세포에는 단백질이 잔뜩 들어 있었어요. 하지만 단백질이 아닌 무언가가 들어 있다는 것도 알게 됐지요. 그 물질은 탄소와 수소, 산소, 질소를 많이 갖고 있었지만 단백질과는 매우 달랐어요. 인을 많이 갖고 있었거든요. 미셰르는 이것을 뉴클레인(nuclein)이라고 불렀어요(나중에 이 물질은 핵산이라고 불린답니다).

미셰르는 뉴클레인과 단백질이 결합하고 있는 분자도 찾아냈어요. 이게 바로 DNA였지요. 하지만 당시까지만 해도 생화학적인 정보가 부족했기 때문에 미셰르는 이 물질이 유전정보를 담고 있다는 사실을 꿈에도 몰랐어요.

그 후 미셰르는 백혈구뿐 아니라 다른 세포의 핵 안에서도 같은 물질이 들어 있다는 사실을 알게 됐어요. 하지만 이 물질이 구체적으로 어떤 일을 하는지 밝히지 못했기 때문에, 이 당시만 하더라도 큰 반향을 일으키지는 못했답니다.

백혈구

DNA를 처음 발견한 사람은 스위스 화학자 미셰르다. 그는 1869년 백혈구 세포에서 핵을 뽑아내는 과정에서 산성을 띤 커다란 분자를 분리해냈고, 이 물질에 '뉴클레인'이라는 이름을 붙였다. 사진에서 가운데에 울퉁불퉁하게 생긴 것이 백혈구다.
(출처: 위키미디어)

그 후 세포 핵 안의 염색체만 선택적으로 염색하는 새로운 기법이 탄생했어요. 그리고 과학자들은 미셰르가 발견한 핵산(뉴클레인)에 대해 좀 더 세밀하게 관찰할 수 있게 됐지요. 결국 과학자들은 하나의 세포가 분열할 때 이 물질이 2배로 늘어났다가 나뉘고, 결국 2개로 나뉜 세포가 원래 세포와 같은 양만큼 이 물질을 갖게 되는 것을 눈으로 확인할 수 있었어요. 핵산이 세포에서 얼마나 중요한 물질인지 더욱 관심을 갖게 하는 계기가 됐지요.

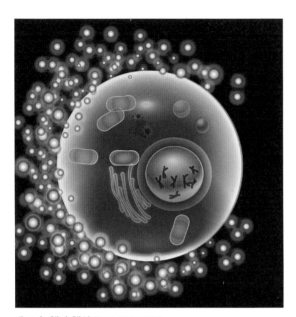

세포 속 핵과 핵산 (출처: 위키미디어)

결국 1896년, 미국의 생물학자인 에드먼드 윌슨은 "유전이란 부모로부터 자식이 특정물질을 물려받는 것을 말하며, 아마 핵산이 이와 밀접한 관련이 있을 것"이라고 추측하기도 했답니다.

시간이 흐르면서 과학자들은 핵산이 어떻게 생겼는지 자세히 알게 됐어요. 미국 과학자인 피버스 레벤은 1905년 한 핵산의 구조를 정확하게 알아냈어요. 이 분자는 리보오스라는 당분을 갖고 있었지요. 리보오스는 탄소 원자 4개가 산소 원자 1개와 붙어 오각형처럼 생긴 고리를 이루고 있어요. 그리고 오각형의 꼭짓점이 되는 원자마다 수소와 산소가 붙어 있지요. 레빈은 이 수소와 산소 대신 다른 분자들이 붙으면서 다른 분자를 이룰 수 있다고 생각했어요. 핵산도 마찬가지였어요. 한 꼭짓점에 인산기(인이 들어 있는 분자)가 달려 있었거든요. 또 다른 꼭짓점에는 리보오스와는 전혀 다르게 생긴 당분이 붙어 있었어요. 과학자들은 이것을 '염기'라고 부른답니다. 염기는 아데닌과 구아닌, 시토신, 티민, 우라실 등 다섯 가지 종류가 있는데, 쉽게 A와 G, C, T, U라고 단순화하기도 해요. 과학자들은 리보오스에 인산기와 염기가 붙어 있는 까닭에 '리보핵산(RNA)'이라고 불렀답니다.

1929년 레빈은 세포 안에서 리보핵산과 조금 다르게 생긴 분자도 찾아냈어요. 리보오스의 오각형을 이루는 각 당에 산소 원자가 1개씩 빠져 있었거든요. 과학자들은 이 분자를 산소가 빠져 있다는 뜻의 '디옥시'를 붙여 '디옥시리보핵산(DNA)'라고 부른답니다.

RNA와 DNA는 갖고 있는 염기의 종류도 조금 달랐어요. RNA는 A, G, C, U를 갖고 있는 반면, DNA는 A, G, C, T를 갖고 있었거든요.

레빈과 당시 과학자들은 RNA는 RNA끼리, DNA는 DNA끼리 긴 사슬처럼 연결된다는 사실도 알아냈지요. 핵산마다 각기 다른 염기를 갖고 있었기 때문에 과학자들은 AGGCCTAGTCCC……이런 식으로 염기순으로 표기할 수 있었어요. 하지만 핵산이 구체적으로 어떤 역할을 하는지 알 수 없었답니다.

DNA는 유전 정보를 가지고 있다

20세기 초까지도 사람들은 DNA의 정체를 정확히 알지는 못했어요. 세계대전이 일어난 1920년대, 많은 사람들이 폐렴으로 죽었어요. 영국의 미생물학자 프레드릭 그리피스가 이에 대한 연구를 하다가 DNA에 대한 의문을 품게 됐어요.

정상적인 세포(R)와 병을 일으키는 세포(S)로 실험을 하던 중이었지요. S세포를 쥐에게 주사로 넣으면 병이 생겼지만, S세포에 열을 가한 다음 쥐에게 넣으면 아무 일도 일어나지 않았어요. 그런데 열을 가한 S세포를 R세포와 섞은 다음 쥐에게 넣었더니 병에 걸리고 말았어요.

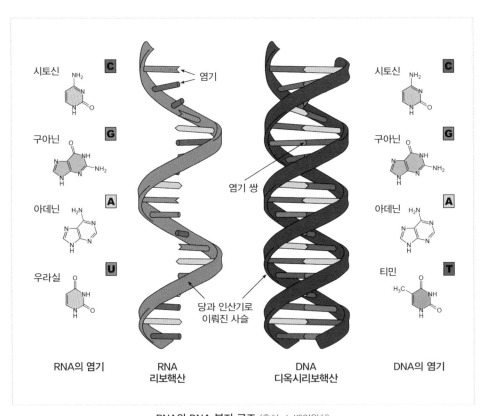

시토신 C

구아닌 G

아데닌 A

우라실 U

RNA의 염기

염기

RNA
리보핵산

염기 쌍

당과 인산기로
이뤄진 사슬

DNA
디옥시리보핵산

시토신 C

구아닌 G

아데닌 A

티민 T

DNA의 염기

RNA와 DNA 분자 구조 (출처: 노벨위원회)

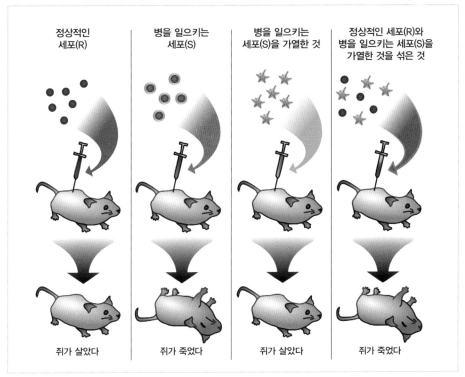

정상적인 세포(R) · 병을 일으키는 세포(S) · 병을 일으키는 세포(S)을 가열한 것 · 정상적인 세포(R)와 병을 일으키는 세포(S)을 가열한 것을 섞은 것

쥐가 살았다 · 쥐가 죽었다 · 쥐가 살았다 · 쥐가 죽었다

그리피스 실험 방법

그리피스는 S세포에 있던 DNA가 쥐에게 병을 일으키며, 병을 일으키려면 세포에 있는 다른 기관의 도움을 받아야 한다고 생각 했어요. S세포에 열을 가하면 다른 기관들이 죽어버려 DNA가 병을 일으키지 못했다는 생각에서였지요. 또 열을 가한 S세포와 R세포를 섞었을 때에는, 죽은 S세포 속에 있던 DNA가 R세포 속 기관의 도움으로 쥐에게 병을 일으켰다고 생각했답니다.

그 후 에이브리와 맥카티, 맥리드 등의 과학자들은 S세포 안에

들어 있던 여러 물질들, 즉 단백질과 지방, 탄수화물, DNA를 하나씩 제거한 뒤, R세포와 섞었어요. 그리고 각각 S세포가 번식할 수 있는지 관찰했지요. 실험 결과는 어땠을까요? 놀랍게도 DNA를 제거한 S세포만 유일하게 번식하지 못했어요. DNA가 세포가 번식하는 데 꼭 필요한 물질이라는 증거였지요.

과학자들은 DNA가 유전물질임을 알게 되었고, 좀 더 정확한 구조와 역할을 알아내기 위해서 수많은 연구를 했어요. 1944년

AAGTCAAGCTGCTCTGTGGGCTGTGATCTGCCTCAAACCCACAGCCTGGGTAGCAGG
AGGACCTTGATGCTCCTGGCACAGATGAGGAGAATCTCTCTTTTCTCCTGCTTGAAG
GACAGACATGACTTTGGATTTCCCCAGGAGGAGTTTGGCAACCAGTTCCAAAAGGCT
GAAACCATCCCTGTCCTCCATGAGATGATCCAGCAGATCTTCAATCTCTTCAGCACA
AAGGACTCATCTGCTGCTTGGGATGAGACCCTCCTAGACAAATTCTACACTGAACTC
TACCAGCAGCTGAATGACCTGGAAGCCTGTGTGATACAGGGGGTGGGGGTGACAGAG
ACTCCCCTGATGAAGGAGGACTCCATTCTGGCTGTGAGGAAATACTTCCAAAGAATC
ACTCTCTATCTGAAAGAGAAGAAATACAGCCCTTGTGCCTGGGAGGTTGTCAGAGCA
GAAATCATGAGATCTTTTTCTTTGTCAACAAACTTGCAAGAAAGTTTAAGAAGTAAG
GAATGA, TGTGATCTGCCTCAAACCCACAGCCTGGGTAGCAGGAGGACCTTGATGC
TCCTGGCACAGATGAGGAGAATCTCTCTTTTCTCCTGCTTGAAGGACAGACATGACT
TTGGATTTCCCCAGGAGGAGTTTGGCAACCAGTTCCAAAAGGCTGAAACCATCCCTG
TCCTCCATGAGATGATCCAGCAGATCTTCAATCTCTTCAGCACAAAGGACTCATCTG
CTGCTTGGGATGAGACCCTCCTAGACAAATTCTACACTGAACTCTACCAGCAGCTGA
ATGACCTGGAAGCCTGTGTGATACAGGGGGTGGGGGTGACAGAGACTCCCCTGATGA
AGGAGGACTCCATTCTGGCTGTGAGGAAATACTTCCAAAGAATCACTCTCTATCTGA
AAGAGAAGAAATACAGCCCTTGTGCCTGGGAGGTTGTCAGAGCAGAAATCATGAGAT
CTTTTTCTTTGTCAACAAACTTGCAAGAAAGTTTAAGAAGTAAGGAATGA

DNA 염기서열의 예

미국 과학자인 어윈 샤가프는 DNA 분자 구조 중에서도 염기에 관심이 많았어요. AGGCCTAGTCCC……와 같은 염기서열에는 정말 아무 의미가 없을까 하는 의문을 가졌기 때문이었지요. 샤가프는 크로마토그래피 기법을 이용해 DNA 분자 염기를 연구했어요. 그리고 생김새가 각기 다른 염기이지만, 그중에서도 서로 생김새가 닮은 것이 있다는 사실을 알게 됐어요.

A와 G는 오각형 고리와 육각형 고리가 붙어 있는 것처럼 생겼어요. A는 아미노기가 하나 달려 있지만, G는 2개가 달려 있지요. 반면 C와 T, U는 육각형 고리처럼 생겼어요. U에 비해 C는 아미노기가 달려 있고, T는 CH3이 달려 있지요. 이에 따라 A와 G는 퓨린 계열로, 그리고 C와 T는 피리미딘 계열로 나눌 수 있어요.

1950년, 샤가프는 더 재미난 사실을 알게 됐어요. DNA 에 들어 있는 퓨린의 양은 피리미딘의 양과 항상 같다는 점이었어요. 즉 A와 G를 합한 값과, C와 T를 합한 값이 서로 같다는 뜻이에요. 과학자들은 발견한 샤가프의 이름을 따서 '샤가프의 법칙'이라고 부른답니다.

DNA의 모양은 바로 '이중나선 구조'

샤가프가 염기에 대한 놀라운 발견을 한 뒤, 학계에서는 DNA 연구에 가속이 붙기 시작했습니다. 그리하여 1952년, 영국의 생물

물리학자인 로잘린드 프랭클린은 X선 회절 분석으로 DNA 구조를 밝히는 데 더욱 가까워졌어요.

X선 회절 분석은 어떠한 물질에 X선을 쏘았을 때, 몇몇 선줄기가 다른 특정한 방향으로 퍼지는 모양과 세기를 보고 물질의 구조를 알아내는 방법이에요. 예를 들면 같은 탄소원자로 이뤄진 흑연과 다이아몬드라도 X선 회절 분석을 하면 원자들이 전혀 다른 배열을 하고 있다는 걸 알 수 있지요.

프랭클린이 얻은 데이터를 보고 DNA가 정확히 어떻게 생겼는지 알아낸 주인공은 당시 젊은 생화학자였던 제임스 왓슨과 프랜시스 크릭이었어요. 그들은 DNA분자들이 기다란 사슬을 이뤘으며, DNA의 모양은 이 사슬 두 가닥이 꽈배기처럼 꼬여 있는 '이중나선 구조'라고 설명했어요.

DNA 분자는 앞서 설명했듯이 탄소 5개로 이뤄진 당(디옥시리보오스)에 인산과 염기가 붙어 있어요. 이런 구조를 띠는 분자를 뉴클레오티드라고 불러요. DNA를 이루는 단위이지요. 모든 DNA 분자는 똑

DNA의 이중나선 구조를 밝혀낸 제임스 왓슨(왼쪽)과 프랜시스 크릭(오른쪽)
1962년 노벨 생리의학상을 함께 받았다. (출처: 위키미디어)

같은 당과 인산으로 이뤄져 있어요. 하지만 염기는 DNA마다 염기에는 네 종류 중 하나씩 갖고 있어요. 아데닌(A)과 구아닌(G), 티민(T), 시토신(C)이에요.

DNA 분자를 이루는 당에서 세 번째 탄소는 또 다른 DNA 분자의 인산기와 결합해요. 즉 DNA 분자들은 서로 결합해 기다란 사슬을 만들 수 있어요. 그리고 사슬은 서로 상보적인 염기끼리

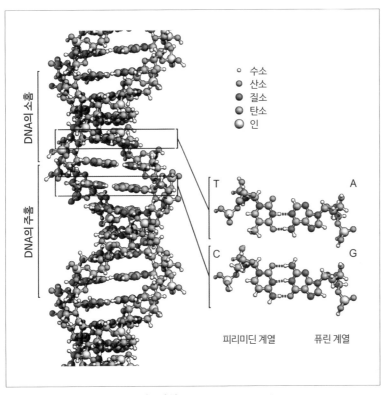

DNA 이중나선 구조 (출처: 위키미디어)

짝을 이뤄 결합하고 있지요.

상보적이라는 말은 염기 중에 아데닌과 티민, 시토신과 구아닌처럼 서로하고만 짝을 이룰 수 있는 성질을 말해요. 염기들은 서로 수소결합을 하고 있는데 아데닌과 티민 사이보다는 시토신과 구아닌 사이에서 훨씬 더 강하답니다.

이런 상보적인 특성 덕분에 DNA의 한 가닥만 염기서열을 알고 있어도 반대쪽 서열을 정확히 알아낼 수 있어요. 이렇게 DNA는 사슬 두 가닥이 염기끼리 붙어서 나선처럼 꼬여 있는 모양을 띠고 있어요. 왓슨과 크릭이 설명한 모습 그대로지요. 그들은 이렇게 DNA의 이중나선 구조를 밝힌 공로로 1962년 노벨 생리의학상을 받았어요.

세포 안에서 DNA는 히스톤이라는 단백질을 안고 있어요. 기나긴 DNA 사슬이 실타래처럼 엉켜서 염색체를 이뤄요. 염색체는 길이가 약 0.2~20마이크로미터[1마이크로미터(μm)는 100만 분의 1미터(m)] 정도예요.

그리고 종에 따라 염색체의 개수와 모양이 각각 다르답니다. 우리 몸속에 들어 있는 염색체는 X자 모양으로, 2개가 한 쌍을 이루고 있어요. 염색체 짝꿍은 서로 같은 위치에 같은 유전정보를 담고 있답니다. 사람은 염색체를 46개(23쌍) 갖고 있어요. 이 가운데 한 쌍은 성별을 결정하는 성염색체랍니다.

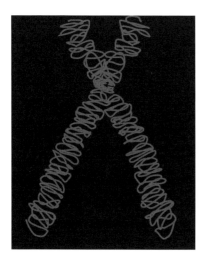

염색체 구조 (출처: 위키미디어)

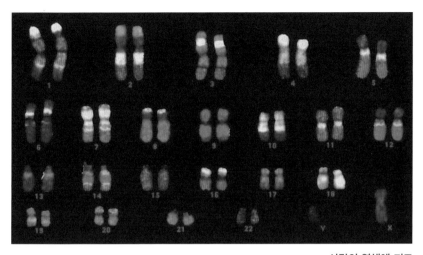

사람의 염색체 지도

사람은 22쌍의 상염색체와 한 쌍의 성염색체를 갖고 있다. (출처: 뉴펀들랜드메모리얼대학교)

남자와 여자가 모두 갖고 있는 X염색체는 남자만 갖고 있는 Y염색체보다 크기가 크지요.

세포 안에는 DNA 복제품이 있다?

다시 DNA 얘기로 돌아가 볼까요? 과학자들은 살아 있는 동안에는 새로운 세포가 끊임없이 생겨나는 것처럼, 그 안에서도 DNA

가 끊임없이 복제하면서 보존된다고 생각했어요. 원래 DNA 사슬과 모양도 그대로, 갖고 있는 유전정보도 거의 그대로 보존하면서 말이지요.

세포 하나가 2개로 나눠지려면, DNA도 2개로 복제됐다가 새로 만들어진 세포에 각각 하나씩 들어가야겠지요? 그래서 세포핵 안에서는 원본 DNA에서 똑같은 유전정보를 가진 새로운 2개의 DNA가 만들어지는 'DNA 복제'가 일어난답니다.

우선 DNA 중합효소 중 하나인 헬리카제는 DNA 사슬 두 가닥을 가르는 역할을 해요. 잠겨 있던 지퍼가 열리는 것처럼 한쪽 끝에서 다른 한쪽 끝까지 순서대로 나선이 풀리지요.

하지만 두 가닥이 다시 꼬여버리면 안 되겠지요? 이때 단일 가닥 결합 단백질이나 토포이소머라아제 같은 세포 속 단백질들이 단일 가닥에 붙어요. 사슬끼리 다시 꼬이거나, 복제를 하고 있는 도중에 일부 사슬이 붙는 일을 막기 위해서지요.

DNA 단일 가닥에는 DNA 중합효소가 붙어 복제를 시작한답니다. 세포 속에 있는 DNA 분자를 찾아 원래 가닥에 맞춰 새로운 사슬을 만들지요. 마치 열려 있던 지퍼를 잠그는 것처럼 말이에요.

DNA 염기는 앞서 말한 것처럼 서로 상보적이기 때문에 아데닌에는 티민, 티민에는 아데닌, 시토신에는 구아닌, 구아닌에는 시토신처럼 짝을 맞춰 DNA 사슬을 만들 수 있어요. 즉, 원래 사슬에 붙어 있던 짝 사슬과 똑같은 DNA 사슬을 만드는 셈이지요.

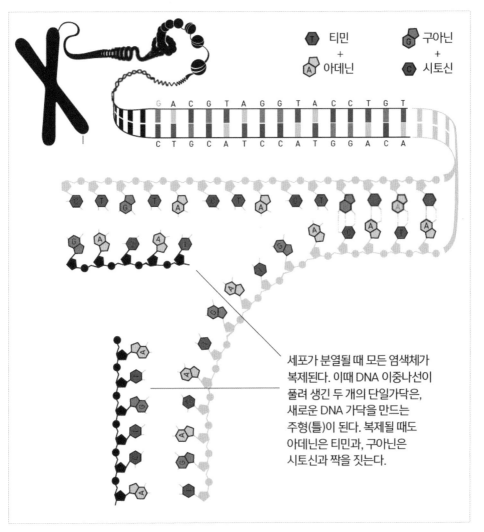

티민
+
아데닌

구아닌
+
시토신

세포가 분열될 때 모든 염색체가 복제된다. 이때 DNA 이중나선이 풀려 생긴 두 개의 단일가닥은, 새로운 DNA 가닥을 만드는 주형(틀)이 된다. 복제될 때도 아데닌은 티민과, 구아닌은 시토신과 짝을 짓는다.

DNA 복제 과정

염색체는 이중나선 구조의 DNA와 네 종류의 염기로 이뤄진 뉴클레오티드로 구성돼 있다. 염기에서 아데닌은 티민과, 구아닌은 시토신과 항상 마주 보며 하나의 '염기쌍'을 이룬다. 세포에 들어 있는 염색체 46개에는 약 30억 개의 염기쌍이 존재한다. (출처: 노벨위원회)

DNA의 유전정보를 갖고 있는 RNA

어떤 친구는 눈이 크고, 어떤 친구는 눈이 작아요. 또 어떤 친구는 둥근 눈을, 또 다른 친구는 가느다란 눈을 가졌지요. 사람마다 생김새와 성질이 다른 이유는 DNA가 서로 다른 유전정보를 가졌기 때문이에요. 그렇다면 DNA가 가진 유전정보는 어떻게 성질을 나타낼까요?

DNA가 가진 유전정보대로 생김새나 특징이 나타나는 일을 과학자들은 '발현된다'라고 표현해요. DNA는 유전정보대로 단백질을 만드는 방식으로 발현된답니다. 이렇게 만들어진 단백질은 세포와 조직, 장기를 만들기도 하고, 소화나 면역 등 온몸 곳곳에서 일어나는 일에 관여하는 효소가 되기도 해요.

DNA가 단백질을 만들기 위해서는 한 단계 더 거쳐야 해요. 세포 안에서는 DNA를 토대로 거의 똑같이 생긴 유전물질인 RNA(Ribonucleic acid)를 만든답니다. 이 mRNA(전령 RNA)에 나타난 유전정보대로 단백질을 만들어요. 원본은 소중한 곳에 보관해두고, 이것을 거의 똑같이 만든 복사품을 보고 단백질을 만드는 셈이지요.

DNA와 RNA는 얼마나 똑같을까요? RNA는 리보오스라는 당성분에 인산과 염기가 붙어 있어요. 리보오스는 디옥시리보오스보다 산소가 하나 더 붙은 당이랍니다. 그리고 RNA는 티민 대신에 우라실(uracil U)이 있어요. RNA 분자마다 아데닌과 구아닌, 시토신, 우라실 중 하나씩 염기를 갖고 있는 셈이지요. DNA와 마찬가지로 RNA 염기도 아데닌과 우라실, 구아닌과 시토신이 서

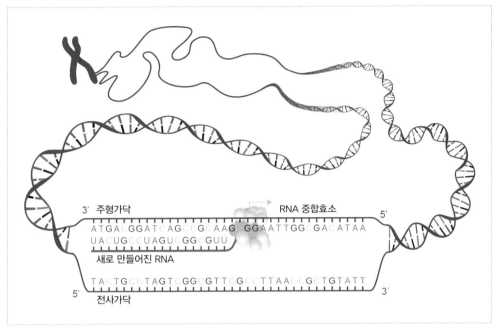

DNA-RNA 전사 과정 (출처: http://knowgenetics.org)

로 상보적인 관계랍니다.

　DNA에서 RNA가 만들어지는 현상을 '전사'라고 해요. 전사는 복제와 마찬가지로 DNA가 있는 핵 안에서 일어나요. 전사가 일어나는 과정은 DNA 복제가 일어나는 과정과 비슷하답니다. DNA 이중가닥을 두 가닥으로 나뉘면 RNA 중합효소가 DNA 사슬에 붙어요. RNA 분자를 하나씩 퍼즐처럼 끼워 맞추면서 RNA 사슬을 만들지요.

　물론 DNA 사슬에 붙어 있는 염기서열과 상보적인 순서로 만든답니다. 이렇게 탄생한 RNA는 DNA가 갖고 있는 유전정보를 그대로 갖게 되며, 유전정보를 전달할 수 있다는 뜻에서 mRNA라고 부릅니다.

　DNA는 왜 굳이 RNA로 전사를 하는 걸까요? DNA에서 곧바로 단백질을 만들어 유전자를 발현시키지 않는 이유가 있는 걸까요? 과학자들은 RNA가 손상되더라도 유전정보를 잘 보존하기 위해서 자연이 이런 방식을 택했다고 생각한답니다.

　실제로 RNA는 디옥시리보오스보다 불안정한 리보오스로 이뤄져 있어 DNA보다 훨씬 불안정한 상태예요. 그래서 DNA보다 보존되는 시간이 짧고 손상되는 속도도 빠르지요.

단백질 만들어 유전정보 발현하다

DNA로부터 유전정보를 받아 새롭게 탄생한 mRNA는 핵으로부터 세포질(핵이 아닌 세포 내부)로 빠져나옵니다. 단백질을 만들어 유전정보를 발현시키기 위해서지요. 세포질에는 mRNA가 단백질을 만드는 데 필요한 세포 소기관인 리보솜과 각종 효소가 기다리고 있어요. mRNA로부터 단백질을 만드는 과정을 '번역'이라고 말해요.

　mRNA가 갖고 있는 염기서열에서는 염기 3개씩 한 단위(코돈)를 이룹니다. 단백질로 번역은 항상 염기코돈이 AUG인 곳에서

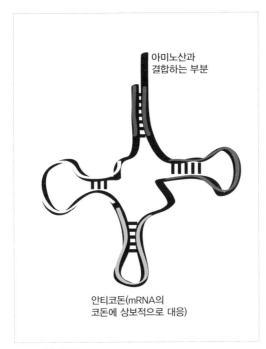

아미노산과
결합하는 부분

안티코돈(mRNA의
코돈에 상보적으로 대응)

tRNA 분자 구조

RNA codon table					
1st position	2nd position				3rd position
	U	C	A	G	
U	Phe Phe Leu Leu	Ser Ser Ser Ser	Tyr Tyr stop stop	Cys Cys stop Trp	U C A G
C	Leu Leu Leu Leu	Pro Pro Pro Pro	His His Gln Gln	Arg Arg Arg Arg	U C A G
A	Ile Ile Ile Met	Thr Thr Thr Thr	Asn Asn Lys Lys	Ser Ser Arg Arg	U C A G
G	Val Val Val Val	Ala Ala Ala Ala	Asp Asp Glu Glu	Gly Gly Gly Gly	U C A G

아미노산

Gly 글리신
Ala 알라닌
Val 발린
Leu 류신
Ile 이소류신
Ser 세린
Thr 트레오닌
Cys 시스틴
Met 메티오닌
Asn 아스파라긴

Asp 아스파르트산
Glu 글루탐산
Lys 리신
Arg 아르기닌
Phe 페닐알라닌
Tyr 티로신
His 히스티딘
Try 트립토판
Pro 프롤린
Hyp 히드록시프롤린

염기서열 코돈과 아미노산

시작해서, UAA와 UAG, UGA인 곳에서 멈춥니다. 또 코돈은 각
각 특정한 아미노산을 만들 수 있어요. 예를 들어 CAU와 CAC
는 히스티딘, GGU와 GGC, GGA, GGG는 글리신, GCU와
GCC, GCA, GCG는 알라닌을 만들지요. 이를 쉽게 알아볼 수
있게 과학자들은 코돈에 따라 어떤 아미노산을 만드는지 표로
만들어놓았어요.

번역 과정에서는 또 다른 RNA가 필요해요. 바로 코돈을 아미
노산으로 바꿔주는 tRNA(운반 RNA)이지요. 클로버 잎처럼 생긴

tRNA는 mRNA의 염기서열을 코돈으로
읽어요. 그럼 tRNA에 그 코돈과 관련 있
는 아미노산이 붙게 됩니다. tRNA들은 mRNA
사슬을 쭉 지나가면서 코돈을 읽고, 아미노산은 마
치 실에 구슬이 하나씩 꿰어지는 것처럼 긴 사슬로 이어
지지요. 이렇게 아미노산이 줄줄이 엮일 수 있도록 돕는 것이
바로 리보솜이에요. mRNA에 리보솜과 함께 첫 번째 tRNA가
붙으면 첫 번째 아미노산이 와서 붙고, 첫 번째 tRNA는 옆으로
이동해요. 그럼 그 빈자리에 두 번째 tRNA가 와서 붙고 코돈을

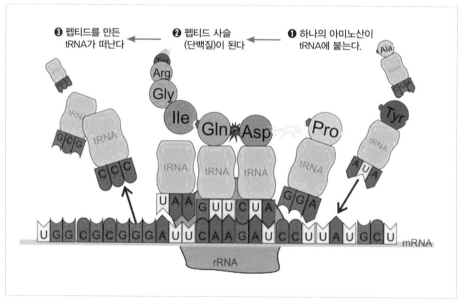

RNA와 리보솜이 단백질(펩티드)을 만드는 과정

읽어 두 번째 아미노산을 데려와요.

그러면 아까 첫 번째 tRNA는 리보솜 밖으로 튕겨나가고 두 번째가 그 자리로 들어갑니다. 두 번째 tRNA가 있던 자리엔 새로운 세 번째 tRNA가 들어오지요. 이런 식으로 tRNA들이 연쇄적으로 리보솜 안으로 들어와 코돈을 읽고 아미노산을 찾아 줄줄이 꿰는 방식으로 번역이 일어납니다.

번역이 끝나면 단백질은 소포체라는 세포 소기관으로 이동해요. 여기서 단백질은 당이나 지질, 인산처럼 다른 물질이 붙기도 하고, 반대로 작게 부서지기도 합니다. 세포 내에서 단백질이 어떤 기능을 할 것인지에 따라 여기서 다양한 모습으로 다시 태어나는 셈이에요.

이렇게 탄생한 단백질들은 역할에 따라 각자 위치로 옮겨가요. 예를 들어 DNA 복제에 필요한 DNA 중합효소는 핵 안으로 들어가고, RNA를 만드는 데 필요한 RNA 중합효소나 단백질을 만드는 데 필요한 리보솜을 이루는 단백질은 세포질에 남아 있게 된답니다.

2015년 노벨 화학상 수상자들의 업적

DNA 손상을 최초로 밝혀낸 토마스 린달

1963년 제임스 왓슨과 프랜시스 크릭이 DNA의 구조를 밝혀낸 뒤 한동안 학계에서는 DNA가 아주 안정적인 물질이라고 생각했어요. 어떠한 환경적인 요인에도 꿈쩍하지 않고 유전정보를 유지할 수 있을 거라고 말이지요. 그만큼 생명체가 살아가는 데 유전정보가 무척 중요하기 때문이에요.

그런데 1960년대 말, 스웨덴 생화학자인 토마스 린달은 DNA가 생각보다 안정적이지 않을 것이라는 의심을 갖게 됐어요. 당시 린달은 미국 프린스턴대학교에서 RNA를 연구하고 있었어요. 그런데 실험 중 가열을 하거나 자외선을 쬐면 RNA가 쉽게 망가지곤 했답니다.

린달은 이와 마찬가지로 DNA도 열이나 빛으로 인해 망가질 수 있을지도 모른다고 생각했어요. 몇 년 뒤 스웨덴의 카롤린스카연구소에서 일하게 된 린달은 박테리아의 DNA를 연구했어요. 린달은 DNA가 생각보다 불안정하며, 여러 요인에 의해 손상될 가능성이 높다는 사실을 알아냈지요.

실제로 DNA는 하루에도 수백만 번씩 망가질 수 있어요. DNA가 망가진다는 말은 유전정보를 담고 있는 염기서열에서 일부 염기가 잘려나가거나, 복제 과정 중에 상보적인 염기 대신에 다른 염기가 와서 붙는 경우 등을 말해요. 자연적으로는 나이가 들면서 세포가 노화하거나, 물질대사를 하는 중에 활성산소가 만들어질 때 DNA가 망가질 수 있어요.

이뿐만이 아니에요. 자외선을 쬐거나 방사성 물질에 노출되거나, 또는 술이나 담배 연기를 마실 때처럼 외부 자극에 의해서도 DNA가 망가질 수 있어요.

이렇게 DNA가 손상된 채 그대로 전사와 번역 과정을 거친다면 원래와는 전혀 다른 단백질이 만들어질 거예요. 정상적인 유전자

가 발현하지 못하고 결국 비정
상인 세포가 만들어지거나 암
같은 질환을 일으키는 원인이
될 수도 있답니다. 정말 무시무
시한 일이지요?

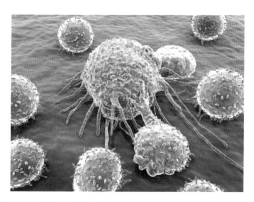

면역세포에게 공격받고 있는 암세포 (출처: 라이스대학교)

린달은 DNA가 여러 원인으
로 인해 손상된다면 사람을 비
롯해 모든 생물체가 살아남을
수 없다고 생각했어요. 분명히
몸속에는 망가진 DNA를 복구
하는 시스템이 있어서, 생물체가 오랫동안 살 수 있다고 가정했지
요. 린달은 자기 생각이 맞는지 알아보기 위해 DNA가 손상되는
과정과 복구하는 과정을 연구했어요.

결국 린달은 글리코실화 효소를 찾아냈답니다. 이 효소는 DNA
가 복제하는 중에, 염기 중 특히 시토신이 잘못 연결됐을 경우 이
를 찾아내는 역할을 해요. 염기가 잘못 연결됐다는 말은 상보적
인 염기 대신에 다른 염기가 연결되는 상황을 말해요. 이 효소가
잘못 연결된 염기를 자르면, 다른 효소들이 여러 과정에 관여해
결국 상보적인 염기를 연결했지요. 결국 정상적인 DNA 염기서열
을 완성했답니다.

린달은 이와 같은 연구 결과를 1974년에 학계에 발표했어요. 이
연구 결과는 DNA가 손상될 수 있음을 최초로 발견했을 뿐 아니
라, 염기가 잘못 연결됐을 때 이를 복구하는 과정을 밝혀냈다는
점에서 의의가 있답니다. 이 업적을 인정받아 토마스 린달은 이번

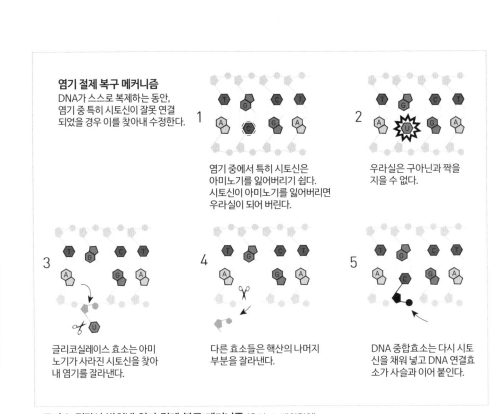

염기 절제 복구 메커니즘
DNA가 스스로 복제하는 동안,
염기 중 특히 시토신이 잘못 연결
되었을 경우 이를 찾아내 수정한다.

1 염기 중에서 특히 시토신은
아미노기를 잃어버리기 쉽다.
시토신이 아미노기를 잃어버리면
우라실이 되어 버린다.

2 우라실은 구아닌과 짝을
지을 수 없다.

3 글리코실레이스 효소는 아미
노기가 사라진 시토신을 찾아
내 염기를 잘라낸다.

4 다른 효소들은 핵산의 나머지
부분을 잘라낸다.

5 DNA 중합효소는 다시 시토
신을 채워 넣고 DNA 연결효
소가 사슬과 이어 붙인다.

토마스 린달이 밝혀낸 염기 절제 복구 메커니즘 (출처: 노벨위원회)
DNA가 스스로 복제하는 동안, 염기 중 특히 시토신이 잘못 연결되었을 경우 이를 찾아내 수정한다.

2015년 노벨 화학상을 받았어요.

잘못된 부분만 잘라내 복구하는 방법 알아낸 폴 모드리치

여러분 앞에는 알록달록한 블록으로 만든 DNA 사슬이 놓여
있다고 생각해보세요. 색깔별로 빨강은 파랑, 노랑은 초록과 서

로 상보적이지요. 블록을 연결해 이 사슬과 상보적으로 연결할 수 있는 DNA 사슬을 만들어볼까요? 어쩌면 군데군데 실수로 빨강을 노랑과, 파랑을 초록과 연결할지도 몰라요. 놀랍게도 우리 몸속에서 DNA 복제 과정 중에서는 이와 비슷한 오류가 흔하게 일어나고 있답니다. 아데닌은 티민 대신 시토신과, 시토신은 구아닌 대신 티민과 짝지어버리는 것이지요.

이런 오류가 정말로 일어날 수 있는지, 만약 이런 오류가 일어나면 어떻게 될지에 대해 연구한 과학자가 있어요. 미국 생화학자인 폴 모드리치는 일부러 박테리오파지의 DNA 가닥에 상보적이지 않은 염기를 붙이는 실험을 했지요. 예를 들어 아데닌에는 티민이 붙어야 하지만 구아닌을 붙이는 식이었지요. 그리고 나서 이 DNA를 세균에 넣었어요. 놀랍게도 세균 안으로 들어간 DNA는 원래대로 상보적인 염기와 연결돼 있었답니다.

어떻게 된 일일까요? 모드리치는 세포 속에 들어 있는 여러 효소들이 DNA에서 염기가 잘못 짝지어진 부분을 찾아 잘라내고 다시 정상적으로 짝짓는 과정이 있다고 생각했어요. 블록 사슬에서 잘못 연결된 부분을 찾아내 그 부분만 블록을 뺀 다음, 알맞은 블록을 찾아 다시 끼워 넣는 것처럼 말이지요.

그는 특히 DNA 사슬에 붙어 있는 메틸기에 주목했어요. 메틸기가 DNA에서 잘못 연결된 부분이 어디인지 알려주는 역할을 한다는 생각에서였지요. 블록을 뜯어내듯이 DNA 사슬을 잘라내는 제한효소(MutS와 MutL)는 메틸기가 없는 부분을 잘라냈어요. 그러면 DNA 중합효소가 나타나 비어 있는 부분과 짝지을 수 있는 상보적인 염기를 가져다 복제해요. 그 후 DNA 연결효소는

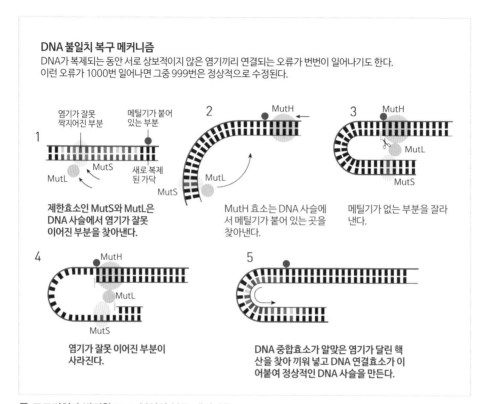

DNA 불일치 복구 메커니즘

DNA가 복제되는 동안 서로 상보적이지 않은 염기끼리 연결되는 오류가 번번이 일어나기도 한다.
이런 오류가 1000번 일어나면 그중 999번은 정상적으로 수정된다.

1 제한효소인 MutS와 MutL은 DNA 사슬에서 염기가 잘못 이어진 부분을 찾아낸다.

2 MutH 효소는 DNA 사슬에서 메틸기가 붙어 있는 곳을 찾아낸다.

3 메틸기가 없는 부분을 잘라 낸다.

4 염기가 잘못 이어진 부분이 사라진다.

5 DNA 중합효소가 알맞은 염기가 달린 핵산을 찾아 끼워 넣고 DNA 연결효소가 이어붙여 정상적인 DNA 사슬을 만든다.

폴 모드리치가 발견한 DNA 불일치 복구 메커니즘
세포분열이 일어나면서 DNA가 복제될 때 간혹 막이 맞지 않는 뉴클레오티드가 새로운 DNA 가닥에 들어갈 수 있다. 이런 오류가 1000번쯤 일어나면, 1번 정도를 제외하곤 모두 '불일치 복구'시스템이 바로잡는다.
(출처: 노벨위원회)

새롭게 만들어진 DNA 사슬 조각을 원래 사슬에서 비어 있는 부분에 이어 붙이는 방식으로 DNA 사슬을 완성시키지요.

모드리치는 이러한 'DNA 불일치 복구 메커니즘'이 1000번 중 999번꼴로 성공한다는 사실도 알아냈어요. DNA 복제 과정 중에

염기가 잘못 짝지어지는 오류가 1000번 일어난다면, 그중 999번은 정상적인 DNA 사슬로 수정된다는 뜻이지요.

또한 모드리치는 이 메커니즘이 제대로 작동하지 않으면 세포가 비정상적으로 증대해 암을 일으킬 수 있다는 것도 알아냈어요. 특히 유전으로 인한 대장암을 일으키는 가장 흔한 원인이라는 사실을 밝혀냈지요. 모드리치는 린달과 마찬가지로 2015년 노벨 화학상을 받았어요.

자외선에 망가진 DNA 고치는 원리 알아낸 아지즈 산자르

린달과 모드리치와 함께 2015년 노벨 화학상을 받은 아지즈 산자르도 망가진 DNA의 복구 과정을 규명한 공로를 인정받았어요. 산자르는 박테리아의 DNA가 자외선을 쬐거나 담배연기 같은 발암물질에 자극받아 손상됐을 때 어떻게 복구하는지 알아냈어요. 그리고 사람 몸속에서도 같은 원리로 DNA를 복구할 수 있다는 것을 알아냈지요.

DNA가 자외선이나 발암물질에 노출되면 특히 티민끼리 이어진 부분이 비정상적으로 변할 수 있어요. 이런 오류는 특히 피부암을 일으킬 수 있지요. 엑시뉴클레아제 효소가 이런 오류를 발견하고 DNA 사슬로부터 부분적으로 잘라내는 가위 역할을 하지요. 엑시뉴클레아제는 약 12개 쯤 되는 뉴클레오티드 조각을 잘라내요. 그러면 DNA 중합효소가 비어 있는 부분에서 복제를 시작하고, 완성된 DNA 조각을 DNA 연결효소가 원래 사슬과 이어주지요.

DNA 복구 메커니즘 발견의 의의는?

결과적으로 토마스 린달과 폴 모드리치, 아지즈 산자르는 DNA가 손상되는 원인, 다시 원래대로 복구하는 메커니즘에 대해 각기 다른 분야를 연구해 완성한 셈이에요.

노벨위원회는 세 생화학자가 DNA가 손상됐을 때 다시 복구하

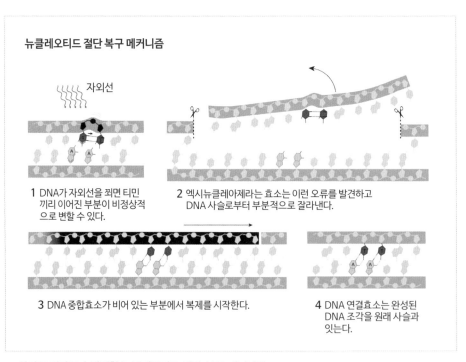

뉴클레오티드 절단 복구 메커니즘

자외선

1 DNA가 자외선을 쬐면 티민 끼리 이어진 부분이 비정상적으로 변할 수 있다.

2 엑시뉴클레아제라는 효소는 이런 오류를 발견하고 DNA 사슬로부터 부분적으로 잘라낸다.

3 DNA 중합효소가 비어 있는 부분에서 복제를 시작한다.

4 DNA 연결효소는 완성된 DNA 조각을 원래 사슬과 잇는다.

아지즈 산자르가 발견한 뉴클레오티드 절단 복구 메커니즘

세포가 자외선이나 담배의 발암물질에 노출되면 뉴클레오티드가 손상된다. 아지즈 산자르 교수는 세포가 손상된 뉴클레오티드 부위를 복구하는 시스템을 발견했다. (출처: 노벨위원회)

2015 노벨 화학상 수상자는 DNA 손상과 복구 메커니즘 밝힌 생화학자 3인방

토마스 린달, 폴 모드리치, 아지즈 산자르

스웨덴 왕립과학원 노벨위원회는 DNA가 손상될 수 있다는 사실을 밝히거나, 손상된 DNA를 복구하는 메커니즘을 알아낸 업적을 인정해, 이들에게 노벨 화학상을 수여했다.

토마스 린달 | 영국 프랜시스크릭연구소 명예 소장

스웨덴 생화학자인 토마스 린달은 최초로 DNA가 손상될 수 있다는 사실을 알아낸 점과 '염기 절제 복구 메커니즘'을 발견한 공로를 인정받았어요. 린달은 1967년 카롤린스카연구소에서 박사학위를 받은 뒤, 1978~1982년 예테보리대학교 의과대학 교수로 재직했어요. 그 뒤 영국 암연구소와 프랜시스크릭연구소에서 연구했답니다. 현재 프랜시스크릭연구소의 명예소장이지요.

폴 모드리치 | 미국 듀크대학교 의대 교수

미국 생화학자인 폴 모드리치는 DNA 복제 중에 잘못 만들어진 부분만 찾아내 복구하는 'DNA 불일치 복구 메커니즘'을 발견한 공로를 인정받았어요. 모드리치는 1973년 스탠퍼드대학교에서 박사학위를 받은 뒤 하워드휴즈 의학연구소에서 근무했어요. 현재는 미국 듀크대학교 교수이지요.

아지즈 산자르 | 미국 노스캐롤라이나대학교 의대 교수

터키 출신인 아지즈 산자르는 자외선 등으로 DNA가 손상됐을 때 복구하는 '뉴클레오티드 절단 복구 메커니즘'을 밝혀냈어요. 산자르는 1977년 미국 텍사스대학교에서 박사학위를 받은 뒤 노스캐롤라이나 의대에서 생화학 및 생물리학을 석좌교수로 재직하면서 DNA 복구와 생체리듬 조절에 관해 연구했어요. 현재 노스캐롤라이나대학교 채플힐캠퍼스 교수랍니다.

면서 유전정보를 보호하는 메커니즘을 발견했을 뿐만 아니라, 다른 의학 분야에서의 연구에도 도움을 주었다고 설명했어요. DNA가 손상되거나 복구되는 일은 노화와 유전질환, 암과도 깊은 관련이 있기 때문이에요. 유전자가 사라지거나 변형되면서 각종 병을 일으킬 수 있기 때문이지요.

특히 산자르가 발견한 '뉴클레오티드 절단 복구 메커니즘'은 지금까지 새로운 항암제를 개발하는 데 큰 도움을 주었어요. 이를 이용하면 암세포에 있는 DNA를 손상시키는 방법으로 암을 치료할 수 있답니다.

역대 노벨 화학상 수상자에는 누가 있을까?

노벨 화학상은 매년 12월 10일, 화학적인 발견이나 연구로 과학계의 발전과 인류에게 큰 도움을 준 화학자들에게 주고 있어요. 이미 오래전부터 수많은 화학자들이 연구 업적을 인정받아 노벨 화학상을 받았어요. 그중에는 2015년 수상자들과 마찬가지로 유전물질에 대해 연구한 공로를 인정받은 사람들이 많답니다.

1980년에 노벨 화학상을 받은 미국의 생화학자 폴 버그는 혼성 DNA를 만들어 바이러스 염색체를 연구한 업적을, 미국의 분자생물학자 월터 길버트와 영국의 생화학자 프레데릭 생거는 DNA와 RNA 같은 핵산의 염기서열을 결정하는 방법을 알아낸 업적을 인정받았어요.

노벨 화학상 역대 수상자(2000년~2015년)

해당연도	이름	국적	업적
2015년	폴 모드리치	미국	•유전자(DNA) 복구 메커니즘
	토마스 린달	스웨덴	
	아지즈 산자르	터키	
2014년	에릭 베치그	미국	•초고해상도 형광 현미경 기술 개발
	슈테판 헬	루마니아	
	윌리엄 머너	미국	
2013년	마틴 카플러스	미국	•복합체 분석을 위한 다중척도 모델링의 기초 마련
	마이클 레빗	미국	
	아리 워셜	미국	
2012년	로버트 J. 레프코위츠	미국	•심혈관계 질환과 뇌질환 등에 관여하는 G단백질 연결 수용체(GPCR)에 대한 연구
	브라이언 K. 코빌카	미국	
2011년	다니엘 섹트먼	이스라엘	•준결정을 발견한 공로
2010년	리처드 F. 헤크	미국	•금속 촉매를 이용한 복잡한 유기화합물 합성기술에 대한 연구
	네기시 에이이치	일본	
	스즈키 아키라	일본	
2009년	아다 요나트	미국	•세포 내 리보솜의 구조와 기능에 대한 연구
	벤카트라만 라마크리시난	미국	
	토머스 스타이츠	미국	
2008년	마틴 샬피	미국	•녹색 형광단백질의 발견과 응용 연구
	로저 시앤	이스라엘	
	시모무라 오사무	미국	
2007년	게르하르트 에르틀	독일	•철이 녹스는 원인과 연료전지의 기능방식, 자동차 촉매제 작용원리 이해에 기여
2006년	로저 D. 콘버그	미국	•진핵생물의 유전정보가 복사돼 전달되는 과정을 분자수준에서 규명
2005년	로버트 그럽스	미국	•유기합성의 복분해 방법 개발 공로
	리처드 슈록	미국	
	이브 쇼뱅	프랑스	
2004년	아론 치카노베르	이스라엘	•단백질 분해과정을 규명, 난치병 치료에 기여
	아브람 헤르슈코	이스라엘	
	어윈 로즈	미국	
2003년	피터 에이거	미국	•세포막 내 수분과 이온 이동통로 발견, 인체세포로의 수분과 이온이 왕래하는 현상을 규명
	로더릭 머키넌	미국	
2002년	존 펜	독일	•생물의 몸을 구성하는 단백질 분자의 질량과 3차원 구조를 알아내는 방법을 개발
	다나카 고이치	일본	
	쿠르트 뷔트리히	스위스	
2001년	윌리엄 S. 놀즈	미국	•화학반응에서 광학 이성물체 중 하나만 합성할 수 있는 광학활성촉매를 개발, 심장병, 파킨슨병 등 치료제 개발에 공헌
	K. 배리 샤플리스	미국	
	노요리 료지	일본	
2000년	앨런 히거	미국	•플라스틱도 금속처럼 전기 전도가 가능하다는 것을 증명하고 실제로 전도성 고분자를 발명
	앨런 맥더미드	미국	
	시라카와 히데키	일본	

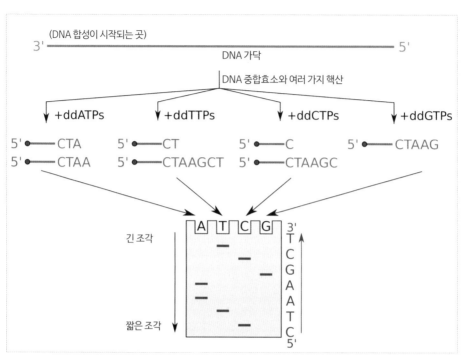

생거의 염기서열 결정 (출처: Dr. Norman Mauder, auf Basis einer Datei von Christoph Goemans)
영국 생화학자 프레데릭 생거는 DNA 사슬을 무작위로 합성해 전기영동에 건 다음, 사슬이 완성될수록 무거워
진다는 성질을 이용해 염기서열을 알아내는 방법을 찾았다. 그는 이 업적으로 1980년 노벨 화학상을 받았다.

버그는 혼성 DNA 분자를 최초로 만들었어요. 혼성 DNA 분자
란 서로 다른 종의 DNA를 섞은 분자를 말해요. 예를 들면 박테
리아의 염색체의 일부와 사람의 유전자를 합친 것이지요. 그는
이것을 만들어 바이러스의 염색체를 자세하게 분석할 수 있었답
니다.

길버트와 생거는 DNA의 염기서열을 알아내는 방법을 개발했

어요. 길버트는 박테리아 염색체에서 전사 과정을 조절했고, 생거는 바이러스의 DNA 조각을 이용했어요. 특히 생거가 이용한 방법은 DNA 중합효소로 바이러스 DNA 조각과 상보적인 나선을 만들게 한 뒤, 시간차를 두어 제각각 길이가 다른 사슬을 만들었어요. 그리고 전기이동을 걸었답니다. 그럼 사슬이 얼마나 완성됐는지에 따라 결과가 나타나는 순서가 달라져, 염기서열을 알 수 있답니다.

2006년 노벨 화학상을 받은 미국의 과학자 로저 콘버그는 DNA에서 RNA로 유전정보가 전사하는 과정에 대해 연구한 공로를 인정받았어요. 재미있는 사실은 그의 부친인 아서 콘버그도

RNA와 붙어 있는 리보좀의 모습 (출처 : www.upenn.edu)

1959년 복제효소인 DNA 폴리머라아제를 발견해 노벨 생리학상을 받았다는 점입니다.

2009년에 수상한 벤카트라만 라마크리시난과 토머스 스타이츠, 아다 요나트는 리보좀의 구조와 기능에 대해 연구한 업적을 인정받았어요. 세포에 들어 있는 소기관인 리보좀은 RNA와 단백질로 이뤄진 복합체예요. 세포질에서 유전정보에 따라 단백질을 만드는 역할을 하지요.

DNA에 대해 밝혀지지 않은 미스터리

눈에 보이지도 않을 만큼 자그마한 세포, 그보다도 훨씬 작게 똘똘 말려 있는 DNA에 대해 이렇게 많은 것들을 알아냈다니 정말로 대단하지 않나요? 과학자들이 유전물질이 있다는 사실을 알아내고, DNA의 정체를 밝히고 그 구조와 역할, 그리고 유전자를 발현시키는 방법까지 자세하게 알아내는 데 100년이라는

유전자 조작 GMO

시간이 넘게 걸렸답니다. 현재 과학자들은 사람을 비롯한 여러 동식물의 염색체와 유전자를 모두 분석한 게놈지도를 연구하고 있어요. 이를 이용하면 생물마다 특별한 성질을 가진 이유를 유전자 수준에서 알아낼 수 있고, 또 필요한 유전자를 다른 생물에게 심는 방법으로 뛰어난 생물체를 만들 수도 있지요. 이런 연구가 계속될수록 생명과학계가 발전함과 동시에, 유전자 조작 동식물에 대한 논란도 끊이지 않고 있답니다.

　DNA를 마음대로 자르거나 다른 생명체에 넣어 유전자를 발현시킬 수 있다는 사실이 정말 놀랍지요? 하지만 과학자들이 DNA에 대해 모든 것을 밝혀낸 것은 아니에요. 아직도 우리가 DNA에 대해 알아내야 할 비밀이 많답니다. 우리 몸에서 아직까지 정체를 밝히지 못한 유전자를 알아내, 유전질환 등 난치병을 치료하거나 예방하려면 지금보다 더 많은 미스터리를 풀어야 할 거예요.

　여러분 중에서도 생화학자를 꿈꾸는 친구들이 있나요? 먼 훗날 생화학자가 된다면 아직까지 알아내지 못한 DNA의 비밀에 대해서 연구해보는 것은 어떨까요? 그렇다면 2050년 즈음에는 여러분도 노벨 화학상의 주인공이 될 수 있겠지요?

04

2015년 노벨 생리의학상

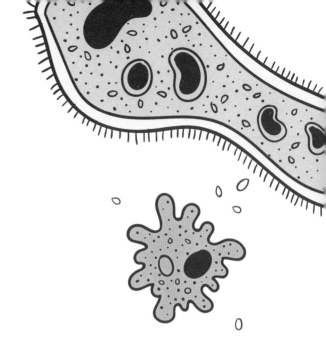

다른 생물에 붙어사는 기생충

자연에는 수많은 생물들이 살고 있어요. 햇빛과 이산화탄소를 이용해 광합성을 하는 식물처럼 스스로 필요한 양분을 만들어 사는 생물도 있고, 메뚜기를 사냥해 먹는 개구리처럼 다른 생물을 잡아먹으며 사는 생물들도 있지요. 그런데 스스로 양분을 만들지도 않고, 다른 생물을 잡아먹지도 않으며 사는 특이한 생물이 있어요. 그 주인공은 바로 기생충이랍니다.

기생충은 다른 동물에 붙거나 기대어 생활하는 생물이에요. 한자로 '얹혀살다', '의지하다'라는 뜻의 '부칠 기(寄)'와 '날 생(生)'이 합쳐진 단어지요. 스스로 양분을 만들 수 없기 때문에 다른 생물

의 영양분을 빼앗아 먹으며 생활하는 거예요. 이런 기생충의 생활을 '기생한다'라고 표현한답니다.

반면 기생충에게 영양분을 뺏기는 생물을 '숙주'라고 불러요. 숙주는 어떤 기생충이 기생하느냐에 따라 두 가지로 구분할 수 있어요. 알에서 태어나 아직 어른이 되지 않은 유충이 기생하는 숙주는 '중간숙주', 어른인 성충으로 다 자란 뒤 기생하는 숙주는 '종숙주'라고 부르지요.

기생충들이 숙주의 몸에 기생하는 가장 큰 이유는 자손을 번식하기 위해서예요. 알에서 태어나 영양분을 섭취해 성충으로 자라고, 다시 또 알을 낳아 계속해서 이 종이 살아남도록 하지요. 따라서 기생충에게 종숙주는 평생 먹을 것과 살 곳을 제공하는 매우 중요한 존재예요. 만약 종숙주가 병에 걸려 아프거나 죽으면 기생충도 먹을 것과 살 곳을 잃게 되고, 그럼 기생충은 생명이 위험해질 수 있어요. 그렇기 때문에 기생충은 영양분을 빼앗으면서도 종숙주가 질병에 걸리지 않도록 한답니다.

하지만 유충이 기생을 하는 중간숙주는 기생충 때문에 질병에 걸리기도 해요. 기생충에게 중간숙주는 종숙주와 달리 이름처럼 중간에 들렀다 가는 휴게소 같은 존재예요. 그래서 숙주가 질병에 걸리거나 죽어도 문제없어요. 어차피 평생 지낼 곳이 아니기 때문에 필요한 만큼 영양분을 빼앗아 먹고 나면 언제든 다른 숙주로 또 옮겨갈 수 있거든요.

여기에 속하는 대표적인 기생충이 바로 말라리아예요. 모기를 종숙주로 정하고 기생하며 살아가는 말라리아는 모기가 사람을 물었을 때 사람의 핏속으로 이동하는 거지요. 이렇게 사람 몸으

로 옮겨온 말라리아 원충은 열이 나거나 구토를 하게하고, 심한 경우에는 생명을 위험하게 하는 등 사람들을 괴롭히는 나쁜 기생충이랍니다.

숙주의 몸에 기대어 사는 생물을 기생충이라고 한다면, 우리 몸 대장에서 살고 있는 대장균도 기생충에 속할까요? 정답은 '그렇지 않다'예요. 단국대학교 의과대학 서민 교수님이 내린 정의에 따르면 기생충은 진핵생물이어야 해요. 진핵생물은 생물은 크게 두 가지로 분류했을 때 세포에 막으로 싸인 핵을 가진 생물을 말해요. 세균이나 바이러스, 남조류를 제외한 거의 모든 생물이 진핵생물에 포함되지요.

그런데 대장에 사는 대장균은 이름 그대로 '균류'예요. 진핵생물과 달리 막으로 싸인 핵을 갖고 있지 않은 '원핵생물'에 속하지요. 사람의 몸에 붙어사는 모습은 기생충과 비슷하지만 기생충이 될 수 있는 자격을 갖추지 못한 거예요. 한편 사람의 몸에 들어와 질병을 일으키는 바이러스는 생물과 무생물의 중간 형태로 분류돼 있기 때문에 기생충으로 볼 수 없는 거랍니다.

우리 몸의 기생충들

엄마와 아빠가 지금의 여러분처럼 어릴 적에 또는 그보다 더 오래 전에 기생충은 많은 사람들을 괴롭힐 정도로 매우 유행이었어요. 그 당시 우리나라 국민 10명 중 8명이 기생충에 감염될 정도였어

요. 그만큼 당시 우리가 활동하던 주변은 온통 기생충이 살기에
도 좋고, 또 쉽게 기생충에 감염될 수 있는 환경이었거든요.

　기생충이 쉽게 번식할 수 있었던 역할을 한 것은 똥이에요. 옛
어른들은 농사를 지을 때 사람이나 동물의 똥을 거름으로 사용
했어요. 기생충이나 알이 있는 똥을 거름으로 사용하면, 거름을
영양분으로 먹고 자란 식물과 동물을 통해 다시 사람들에게 옮겨
지기 쉽거든요.

　화장실도 기생충에 쉽게 감염되기 쉬운 환경이었어요. 과거 도
시가 아닌 지역의 화장실은 주로 재래식이었어요. 재래식이 아니
더라도 시설 자체가 지금처럼 깨끗하지 않았고, 학교나 공공장소
에서는 워낙 많은 사람들이 함께 사용했지요. 그러다보니 기생충
이 여러 사람들에게 더 빠르고 쉽게 감염될 수 있었지요. 또 우리
가 먹는 상수도를 통해서도 기생충에 감염되기도 했답니다.

　기생충은 영양분을 빼앗아 먹으며 살아가기 위해 알맞은 숙주
를 찾아요. 사람도 기생충이 찾는 숙주 중에 하나지요. 그런데 이
곳저곳을 둘러봐도 우리의 몸 어디에 기생충이 살 수 있는지 상
상이 되지 않아요. 놀랍게도 기생충은 우리 몸속은 물론 머리카
락이나 피부 등 몸 전체 어디에서도 기생하며 살 수 있답니다.

　사실 최근에는 기생충에 감염된 사람이 거의 없어요. 20~30년
전과 비교했을 때 감염된 사람의 수가 획기적으로 줄어들었지요.
그 이유는 기생충이 살기에도 좋고 사람에게 감염되기도 쉬운 환
경이 많이 사라졌기 때문이에요.

　하지만 유기농 채소를 많이 먹고, 애완동물을 집 안에서 기르
며 함께 생활하면서 기생충 감염이 다시 조금씩 늘고 있다고 해

요. 그러니 기생충에 감염될 일이 없다고 안심할 수는 없어요. '지 피지기면 백전백승!' 기생충에 감염되지 않기 위해 또는 감염된 기생충을 없애기 위해서는 일단 기생충에 대해 제대로 알아야겠 죠. 우리 몸에 사는 기생충들에는 어떤 것들이 있는지 살펴봐요!

몸 밖에 사는 외부기생충

① 머릿니 – 머리카락

곤충류에 속하는 머릿니는 두피에 가까운 머리카락에서 피를 빨아먹고 살아요. 몸길이는 약 2.5~3센티미터로, 배가 매우 크며 다리에 날카로운 발톱이 있어 머리카락을 잘 잡을 수 있어요. 피 를 잘 빨아먹을 수 있는 날카로운 입도 갖고 있지요. 머릿니가 머 리에 자리를 잡고 살다가 알을 낳기도 하는데, 이 알을 '서캐'라고 불러요. 머릿니와 서캐 모두 잡아서 터뜨리 면 '톡'하고 터지는 소리가 난답니다.

머릿니는 두피를 물어 피를 빨아먹는데, 물었을 때 심각한 질병을 옮길 수도 있어요. 머릿니가 주로 옮기 는 병은 발진티푸스와 참호열, 재귀열 등이 있지요. 아 주 오래전에는 이 질병에 감염돼 죽는 사람이 수백만 명이나 될 정도로 많았어요. 다행히도 현재는 이 질병 들에 대한 치료법이 개발돼 감염된다 해도 깔끔하게 치 료할 수 있답니다.

머릿니
(출처: 위키미디어)

② 벼룩과 빈대 – 피부

벼룩과 빈대는 피부를 뚫고 피를 빨아 먹는 기생충이에요. 따라서 우리 몸 구석구석 어디에든 자리를 잡고 기생생활 할 수 있지요.

벼룩 (출처: 위키미디어)

벼룩은 몸길이가 2~4밀리미터 정도이며, 세로로 납작한 모양을 하고 있어요. 숙주의 피를 잘 빨아 먹기 위해 입이 튜브 형태를 하고 있지요. 암컷과 수컷 모두 피를 빨아 먹으며 흑사병이나 발진열 등의 병균을 옮긴답니다.

한편 빈대는 몸길이가 6.5~9밀리미터로 벼룩보다 좀 더 커요. 몸 전체가 갈색을 띠며 더듬이가 벼룩보다 상대적으로 길어서 바퀴벌레와 비슷한 외모를 갖고 있지요. 빈대가 주둥이로 사람을 찌르면 숙주인 사람은 가려움을 느껴요. 다른 기생충과 마찬가지로 유해한 질병을 옮기는 것으로 의심은 되지만 사람이 걸리는 질병은 옮기지 않는 것으로 추측하고 있답니다.

빈대 (출처: 위키미디어)

몸 안에 사는 내부기생충

① 간흡충 – 간

우리나라 사람들이 가장 많이 감염되는 기생충은 간흡충이에

요. 간흡충은 쇠우렁이에 붙어살다가 붕어나 황어 같은 민물고기로 기생할 숙주를 바꿔요. 그리고 그 민물고기를 익히지 않고 먹었을 때 사람의 몸으로 침입하지요.

사람의 몸으로 들어온 간흡충은 간으로 이동해 자리를 잡고 살아가요. 간에서 어른인 성체로 성장하고, 자손을 낳는 산란도 하지요. 세포 내에 간흡충과 알이 많아지면서 간은 점점 제 기능을 제대로 할 수 없게 돼요. 만약 간흡충에 감염이 되고도 오랫동안 치료하지 않으면 염증이 간암으로 발전될 수도 있답니다.

② 갈고리촌충 – 소장

돼지의 근육 속에서 어린 시절을 보내는 기생충이 있어요. 바로 갈고리존충이지요. 일반적으로 갈고리존충은 돼지고기를 섭씨 77도 이상 뜨거운 온도에서 가열하면 모두 죽어요. 따라서 고기를 제대로 익혀 먹는다면 갈고리존충에 감염될 걱정은 없어요.

하지만 완전히 익지 않은 돼지고기를 먹으면 이 기생충이 사람의 소장으로 들어와서 자라기 시작해요. 그러면 배가 아프고 설사를 하게 되지요. 완전히 자란 갈고리촌충은 심장이나 뇌까지 이동해 갈 수도 있어요. 만약 심장이나 뇌를 손상시키면 감염된 사람은 발작을 일으키기도 하고, 심할 경우 사망할 수도 있답니다.

③ 십이지장충 – 작은창자

십이지장충은 이름과는 달리 십이지장이 아닌 작은창자에 붙어사는 기생충이에요. 이 기생충이 처음에 십이지장에서 발견됐

기 때문에 '십이지장충'으로 불리게 됐지요. 십이지장충은 날카로운 이빨을 작은창자의 벽에 꽂은 뒤 피를 빨아 먹어요. 그래서 십이지장충에 감염되면 빈혈 증상이 나타나요.

십이지장충은 자신이 낳은 알을 기생하고 있는 숙주의 배설물과 함께 밖으로 내보내요. 이 배설물은 비료가 되어 농사를 짓는 논과 밭으로 이동하지요. 알에서 깨어난 유충은 흙 속에서 무럭무럭 자라요. 그리고 누군가 흙을 만지거나 그 농작물을 먹으면 다시 몸에 붙어 작은창자로 침입하게 된답니다.

④ 회충 – 작은창자

회충은 사람을 종숙주로 선택해 기생생활을 하는 기생충이에요. 똥을 비료로 쓰는 농촌 지역에 많이 살았지요. 주로 회충 알이 묻은 채소를 먹었을 때 감염돼 우리 몸속으로 들어온답니다.

회충은, 몸길이가 14~35센티미터까지 자라는 아주 큰 기생충이에요. 암컷이 하루에 20만 개 이상의 알을 낳을 정도로 번식하는 능력이 좋지요. 회충은 십이지장충처럼 작은창자에 자리 잡고 살지만, 간혹 허파에 이동해 고열이나 호흡 곤란과 같은 폐렴 증상을 일으키기도 해요.

⑤ 요충 – 맹장

요충은 몸 전체 길이가 1센티미터가 넘는 하얗고 조그만 기생충이에요. 사람의 몸에 들어와 맹장에서 기생생활을 하지요.

이 기생충의 가장 큰 특징은 숙주의 항문을 가렵게 한다는 거예요. 암컷 요충이 맹장에서 생활하다가 대장을 타고 내려와 항

문 주위의 피부나 점막에 알을 낳거든요. 항문에 도착한 암컷 요충은 1시간 동안 약 1만 개의 알을 낳아요.

　가려움을 느꼈을 때 항문을 만지거나 긁으면 손에 요충 알이 묻을 확률이 커요. 그러고 나서 손을 씻지 않은 상태로 물건을 만지고, 그 물건들을 다른 사람들이 만지면 요충이 감염되지요. 어린이가 요충에 감염됐을 때 잠을 편히 못 자고 성장이 방해가 될 수 있으니, 항문이 가려운 증상이 나타나면 바로 구충제를 먹는 게 좋아요.

모기를 통해 전달되는 말라리아 기생충

보통 '말라리아'라고 하면 모기가 떠올라요. 말라리아 모기에 물리면 심한 열이 나고, 우리 몸 곳곳에 산소를 배달해주는 적혈구가 망가지면서 병이 심해질 경우 사망할 수도 있다고 알려져 있지요. 하지만 우리 몸을 아프게 하는 건 모기가 아니에요. 모기 몸속에 들어 있는 말라리아 원충이 병의 원인이지요. 모기 몸속에 기생하고 있던 말라리아 원충은 모기가 피를 빨기 위해 침을 꽂는 순간 우리 몸으로 옮겨와요. 그러니까 모기도 말라리아 원충에 감염된 상태였던 거지요.

　오래전 사람들은 말라리아 병이 나쁜 공기 때문에 생기는 거라고 믿었어요. 공기 중에 나쁜 물질이 들어 있는데, 그 물질이 병을 일으킨다고 생각한 거죠. 그래서 '나쁘다'는 뜻의 'mal'과 '공기'

를 뜻하는 'air'가 합쳐져 'malaria'라는 이름으로 불리게 됐어요.

그러다 1880년, 말라리아가 나쁜 공기 때문에 생기는 병이 아니라는 사실이 처음 밝혀졌어요. 프랑스 출신 의사 샤를 루이 알퐁스 라브랑이 아프리카 알제리에서 일하면서 이 지역에 유행하는 말라리아 병을 연구했어요. 라브랑은 말라리아에 걸린 환자의 피를 모아 현미경으로 관찰했고, 그 결과 적혈구 안에서 아주 작은 미생물을 발견했지요.

그런데 라브랑이 발견한 미생물은 그동안 알려진 세균의 모습이 아니었어요. 이때까지만 해도 우리 몸을 아프게 하는 병은 대부분 세균 때문에 일어나는 것으로 알려져 있었거든요. 이후 이 생물은 말라리아를 일으키는 원충으로 밝혀졌고, 라브랑은 이 발견으로 1907년 노벨 생리의학상을 받았답니다. 말라리아 병이 나쁜 공기 때문에 일어난다는 기존의 연구를 완전히 뒤엎는 사실을 밝힌 공로를 인정받은 거예요.

말라리아 원충이 모기를 통해 전달된다는 사실을 밝혀내 노벨 생리의학상을 받은 과학자도 있어요. 영국의 의사 로널드 로스는 1881년부터 7년 동안 인도에서 의료봉사활동을 하며 말라리아 병을 연구했어요. 그리고 말라리아 병에 걸린 환자의 피를 흡입한 모기를 해부해서 관찰했지요. 그 결과, 얼룩날개모기가 말라리아 원충을 옮긴다는 사실을 확인했어요. 이 연구 결과가 말라리아 치료제를 만드는 데 큰 도움이 됐다는 공로를 인정받아 로널드 로스는 1902년 노벨 생리의학상을 받을 수 있었답니다.

말라리아를 일으키는 기생충은 열원충속(Plasmodium)에 속하는 열원충이에요. 열원충은 종숙주인 모기의 몸 안에 기생해 있

다가 모기가 사람을 물 때 피를 따라 사람의 몸으로 들어오지요. 사람의 몸으로 들어온 열원충은 곧바로 간으로 이동해요. 간에 자리를 잡고 자신과 똑같은 열원충을 아주 많이 만들어요. 이런 과정을 '증식'이라고 해요. 원하는 만큼 증식을 한 열원충은 이번 엔 간세포를 뚫고 나와 핏속에 있는 적혈구로 이동한답니다.

그럼 적혈구도 곧 위험한 상태가 돼요. 적혈구 안으로 들어간 열원충은 간에서 그랬던 것처럼 자신과 똑같은 열원충을 만드는 '증식'을 하거든요. 그리고 원하는 만큼 증식을 하면 적혈구 세포 를 뚫고 나가고, 늘어난 열원충들은 또 다른 적혈구 세포로 이동 해 같은 행동을 반복한답니다.

이렇게 적혈구 세포는 뚫고 밖으로 나가려는 열원충에 의해 터 지고 망가지고 말아요. 그리고 말라리아 원충이 적혈구에 침입해 증식하고, 적혈구가 파괴되는 과정은 반복되지요. 일반적으로 말 라리아에 감염된 사람 은 적혈구 세포가 망 가질 때마다 말라리아 증상이 나타나요. 열 이 나고 으슬으슬 추 운 오한 증세, 그리고 온몸이 떨리는 증상 모두 적혈구가 망가질 때 나타나는 특유의 증상이랍니다.

말라리아를 옮기는 얼룩날개모기 (출처: 위키미디어)

적혈구가 망가지면 생명이 위험하다!

이렇게 적혈구가 열원충에 의해 망가지면 생명이 위험한 상황이 올 수도 있어요. 적혈구는 몸에서 생명을 유지하는 데 매우 중요한 역할을 하고 있거든요. 적혈구는 혈액에 가장 많이 들어 있는 세포예요. 우리 몸에 있는 피 전체의 부피에서 가로와 세로, 높이가 1밀리미터인 육면체 모양의 단위면적에 적혈구는 약 500만 개가 들어 있어요. 같은 부피에 백혈구는 약 8000개, 혈소판은 약 40만개 들어 있으니 적혈구가 핏속 세포 전체의 90퍼센트를 차지할 정도지요. 둥글면서도 납작한 사탕 모양의 적혈구는 우리 몸에서 산소를 전달하는 역할을 해요. 우리 몸 전체를 구석구석 돌면서 조직에 필요한 산소를 주고, 필요 없는 이산화탄소를 대신 버려주지요.

그런데 생명에 꼭 필요한 일을 하면서 피에서 가장 많이 존재하는 적혈구가 망가지면 몸의 조직들이 코로 들어온 산소를 전달받을 수 없어요. 그럼 조직들도 제 역할을 하지 못해 몸 전체의 흐름이 망가지고 염증이 생길 수 있지요.

또 다른 증상으로는 빈혈이 나타날 수 있어요. 적혈구는 우리 몸을 구성하는 대부분의 다른 세포와는 달

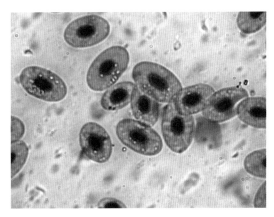

적혈구 (출처: 위키미디어)

리 핵을 갖고 있지 않아요. 대신 온몸에 산소를 운반할 수 있는 '헤모글로빈'이라는 단백질을 갖고 있지요. 헤모글로빈이 폐에서 코로 들어온 산소와 결합하고 적혈구를 따라 온몸에 산소를 운반하는 거예요. 따라서 적혈구가 망가져서 제 기능을 하는 적혈구가 점점 줄어들면 헤모글로빈이 모자라는 현상인 빈혈을 겪을 수 있답니다.

더 큰 문제는 뇌의 기능도 멈출 수 있다는 거예요. 말라리아 원충이 들어간 적혈구 중 일부는 표면이 울퉁불퉁하게 튀어나오는 이상한 모양으로 바뀌고 서로 붙을 수 있는 접착력도 생겨요. 그럼 다른 적혈구들까지 달라붙어 피는 하나의 덩어리가 되고 피가 지나다니는 길이 꽉 막히게 돼요. 그 결과 뇌에 있는 혈관들도 함께 막혀 뇌가 제대로 기능을 하지 못하고, 환자는 혼수상태에 빠질 수 있어요. 이때 적절히 치료를 받지 못하면 죽게 되는데, 죽지 않는다 해도 마비 등의 후유증이 남을 수 있을 만큼 위험한 질병이랍니다.

항체를 만들 수 없을 만큼 빠른 말라리아

우리 몸은 밖에서 몸을 아프게 하는 균이 들어오면 그 균과 싸울 준비를 해요. 몸 안에 자리를 잡거나 증식을 하는 등 균이 몸에서 활동하는 것을 막는 '항체'를 만들지요. 이러한 과정을 '면역'이라고 해요. 면역계는 이 균을 기억했다가 같은 균이 다시 몸에 들어오거나 비슷한 균이 나타나기만 해도 항체를 내보내 균을 쫓아내는 역할을 하지요. 특이하게도 우리 몸의 면역계는 말라리아 원충에 대한 항체를 만들지 못해요. 항체를 만들려면 균이 어떤 특징을 갖고 있는지, 어떻게 해야 싸워서 이길 수 있는지 약점을 찾는 시간이 필요하거든요. 그런데 말라리아 원충은 우리 몸에 들어온 지 40분도 되지 않아서 간으로 이동해버려요. 매우 빠른 시간이기 때문에 면역계는 말라리아 원충을 제대로 파악할 시간이 부족한 거죠. 게다가 간세포나 적혈구 세포 안에서 머무르는 시간이 길기 때문에 그 이후에도 항체를 만들 시간은 매우 부족해요. 따라서 우리 몸은 말라리아에 감염 되더라도 항체를 만들 수 없고, 맞서 싸워 이겨낼 수 없어요.

위와 같은 이유로 말라리아는 백신이 없답니다. 백신은 면역계의 원리를 이용한 예방법이에요. 특정 균에 감염되기 전에 그 균을 아주 조금만 몸에 미리 넣어요. 그럼 몸의 면역계가 균에 대한 정보를 파악하고 항체를 만들지요. 몸이 균과 싸워 이길 수 있는 방법과 시간을 준비해놓는 원리예요. 그럼 실제로 균이 몸을 공격할 때 미리 만들어놨던 항체를 내보내 큰 병이 되는 걸 막을 수 있어요. 하지만 몸이 항체를 만들 수 없을 만큼 빠르게 세포 속으로 숨기 때문에 말라리아는 치료제는 있지만 백신은 아직까지 개발하지 못하고 있답니다.

백신은 없지만 치료제는 있다!

하지만 백신이 없다고 해서 너무 걱정할 필요는 없어요. 말라리아에 감염됐을 때 먹는 치료제는 개발돼 있거든요. 그동안 말라리아에 감염돼 죽은 사람이 전쟁이나 전염병으로 죽은 사람보다

더 많아요. 그만큼 말라리아는 아주 오래전부터 많은 사람들을 괴롭혀온 질병이지요. 따라서 많은 과학자들이 아주 오래전부터 말라리아 치료제를 개발하기 위해 노력해왔답니다.

말라리아에 효과가 있는 물질을 처음 발견한 건 16세기 초기 남아메리카에서였어요. 남아메리카에 선교 활동을 하러 온 신부들은 원주민들이 말라리아를 치료하기 위해 '키나'라는 나무껍질을 달여 먹는 걸 발견했지요. 그리고 말라리아 감염 환자가 키나 껍질을 달여 먹은 뒤에 병이 말끔히 나았다는 사실도 확인했어요.

300년이 지난 1820년, 프랑스의 약사 2명이 키나 나무가 말라리아 치료에 효과가 있는 사실을 과학적으로 확인하는 데 성공해요. 그 주인공은 피에르 조세프 펠레티와 조세프 라벤도지요. 이 두 약사는 그동안 복합물질 속에서 다양한 성분들을 분리하는 연구를 해왔어요. 그리고 이 연구를 통해 새로운 치료제를 많이 개발했지요.

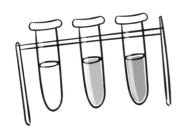

그러던 중 키나 나무에서 '키니네'라는 물질이 말라리아에 효과가 있는 물질이라는 사실을 발견하고, 분리하는 데까지 성공했답니다. 이후 키니네 성분을 이용한 말라리아 치료제인 '클로로퀸'을 개발해 말라리아를 치료하는 데 아주 중요하게 쓰이게 돼요.

클로로퀸은 말라리아 원충이 적혈구에서 하는 행동을 방해해 죽게 하는 원리에요. 말라리아 원충이 적혈구 세포에 침입해 자리를 잡는 과정에서 활성산소 같은 독성물질이 나와요. 말라리아 원충은 이 독성물질이 자신에게 위험하다는 사실

을 한번에 눈치채요. 그리고 이 독성물질을 봉지에 담듯 감싸 적
혈구 밖으로 내보낸 뒤 안전하게 증식을 하지요. 이때 클로로퀸은
말라리아 원충이 독성물질을 내다 버리는 것을 막고, 이 독성물
질에 의해 말라리아 원충이 죽게 하는 원리랍니다.

　하지만 클로로퀸 약을 오래 쓰지는 못했어요. 클로로퀸을 너무
많이 사용한 나머지 말라리아 원충이 이 약에 대한 내성이 생긴

2015년 노벨 생리의학상을 수상한 과학자들은 말라리아와 림프사상충증, 회선사상충증 등 기생충 질병에
획기적인 치료법을 개발한 공로를 인정받았다. (출처:노벨위원회)

거예요. 내성은 약을 반복적으로 사용할수록 약의 효과가 점점 떨어지는 현상이에요. 그래서 말라리아에 감염된 환자가 클로로퀸을 먹어도 병이 낫지 않게 된 거죠. 다행히도 이후 '아르테미시닌'이란 약이 새로 개발됐고, 현재까지 말라리아 치료제로 사용되고 있답니다.

그 밖의 기생충 질병

다리가 두꺼워지는 '림프사상충'

기생충 때문에 생기는 질병은 기생충이 숙주의 몸 어디에 붙어 사느냐에 따라 달라져요. 말라리아는 핏속 적혈구에 기생하며 온몸에 염증을 일으켜요. 림프사상충은 이름 그대로 사람 몸의 림프관에 기생하며 질병을 일으키는 기생충이랍니다. 말라리아 원충처럼 모기를 통해 사람의 몸속에 침입한 뒤, 림프관으로 이동해 자리를 잡는 거예요.

림프란 우리 몸의 혈관에서 스며 나오는 투명한 조직액이에요. 우리 몸 세포 사이 공간에 채워져 있어 피와 조직세포 사이의 물질대사를 돕는 역할을 하지요. 한 번 사용된 조직액은 다시 심장으로 돌아가야 하는데, 조직액을 심장까지 운반하는 관이 바로 림프관이에요.

그런데 이 림프관에 기다란 실처럼 생긴 사상충이 기생하면 림프관이 막혀요. 조직액은 심장으로 이동하지 못하고 조직에 그대

로 남지요. 그럼 조직액은 조직에 점점 고이면서 팔이나 다리가
점점 붓게 돼요.

　이런 상태가 계속되면 고인 조직액에 세균이 번식하면서 염증
이 생기고, 감염된 사람은 심한 통증을 느껴요. 심한 경우 다리
가 마치 코끼리 다리만큼 두꺼워지기도 해요. 또 한 번 두꺼워진
팔과 다리는 다시 얇은 상태로 되돌아가지 않기 때문에 두꺼워진
두께 그대로 계속 살아야 한답니다.

　더 큰 문제는 림프가 혈관처럼 온몸에 퍼져 있다는 거예요. 그
래서 팔과 다리뿐만 아니라 온몸 곳곳 어디에서도 림프사상충 증

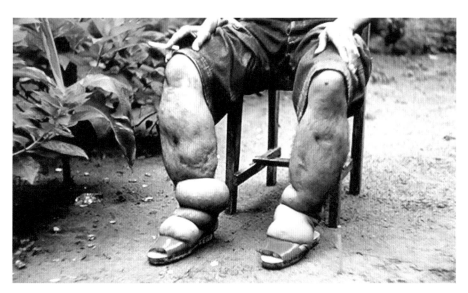

림프사상충에 감염된 사람의 다리 (출처: 미국질병통제센터)

상으로 부어오를 수 있어요. 만약 림프사상충이 사타구니에 있는 림프절에 기생하면 고환이 커지고, 겨드랑이에 있는 림프절에 기생하면 한쪽 가슴만 퉁퉁 부풀 수 있지요. 심한 통증뿐만 아니라 우리의 몸을 이상하게 변신시키는 기생충 질병이에요.

눈을 멀게 하는 '회선사상충'

눈의 망막에 알을 낳아 눈을 멀게 하는 위험한 기생충도 있어요. 바로 회선사상충이 주인공이지요. 회선사상충은 주로 아프리카 사하라사막 남쪽 지역에서 살아요. 말라리아나 다른 기생충과 달리 회선사상충의 숙주는 이 지역에 함께 사는 먹파리예요.

먹파리는 파리목 먹파리과에 속하는 흡혈성 곤충이에요. 전 세계에 1000여 종이 있다고 알려졌는데, 우리나라에도 16종이나 살고 있다고 해요. 몸길이는 1~5밀리미터이고 대부분 검은색을 띠지요. 주로 식물의 액을 먹고 살지만 암컷은 모기처럼 산란에 필요한 영양분을 얻기 위해 피를 빨지요. 회선사상충은 먹파리의 몸에 기생해서 살다가 피를 빠는 동안 사람의 몸에 침입하는 거랍니다. 몸으로 들어온 회선사상충은 예상과 달리 바로 눈으로 이동하지 않아요. 사람의 피부에 기생해 살면서 어른인 성충으로 자라지요. 이때에는 다른 기생충이 증식하는 과정과 비슷해서 별다른 증상이 나타나지 않아요.

그러다 성충이 낳은 알들이 사람의 눈으로 이동하면 각막과 망막에 염증이 생겨요. 심할 경우 앞이 보이지 않는 실명이 올 수도 있지요. 실제로 세계적으로 약 50만 명이 회선사상충에 감염돼

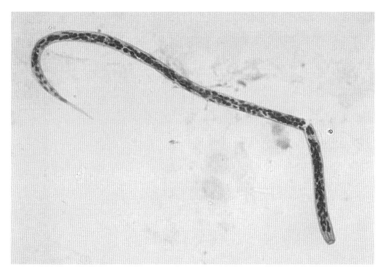

회선사상충의 유충 (출처: 스탠포드대학교)

시각 장애가 생겼고, 27만 명 정도는 평생 앞을 보지 못하는 실명이 됐을 정도로 매우 위험한 기생충 질병으로 알려져 있답니다.

강아지를 위협하는 '심장사상충'

　심장사상충은 이름과는 달리 심장이 아닌 폐동맥 등에 기생하는 사상충을 말해요. 사상충이 사람을 숙주로 삼아 기생할 경우엔 피부나 눈, 림프절과 같은 곳에 붙어살아요. 그런데 개를 숙주로 정했을 때에는 폐동맥에 붙어 기생생활을 하지요.

말라리아와 마찬가지로 심장사상충은 모기에 의해 전달돼요. 모기가 개를 물었을 때 침을 타고 개의 몸속으로 침입하는 거지요. 처음에 유충이 개의 몸에 침입하고 난 뒤 4개월 정도는 어떤 증상도 나타나지 않아요. 심장사상충 유충이 성충으로 자라는 데 4개월이 걸리거든요. 그리고 4개월이 지나 성충으로 다 자라면 심장에 문제가 생기기 시작해요.

심장은 우심방, 우심실, 좌심방, 좌심실 이렇게 총 4개의 공간으로 나뉘어 있어요. 온몸을 돌고 온 피는 큰 정맥을 따라 우심방과 우심실로 차례로 이동하지요. 우심실은 폐동맥을 통해 피를 폐로 보내 산소를 만나게 해요. 산소를 얻은 피는 다시 좌심방과 좌심실로 들어온 후 대동맥을 따라 다시 온몸을 여행하러 떠나요. 이렇게 심장은 온몸의 조직에 산소를 전달하도록 피를 조절하는 매우 중요한 역할을 해요. 그런데 다 자란 심장사상충의 암컷 몸길이는 25~30센티미터, 수컷 12~20센티미터예요. 이렇게 큰 성충들이 폐동맥에 붙어살며 점점 혈관을 막아요. 온몸을 돌고 온 피가 산소를 얻으러 폐로 이동할 수 없게 되지요. 그럼 온몸에 혈액을 제대로 공급하지 못하는 심부전이나 심장으로 피가 들어가는 길인 정맥이 막히는 상대정맥증

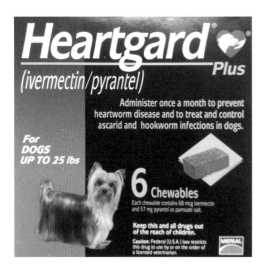

심장사상충 예방약 '하트가드' (출처: 동아사이언스)

후군에 걸릴 수 있어요. 이 두 질병은 개의 생명에 아주 치명적인 기생충 질병이랍니다.

열대지역에서 주로 유행하는 기생충 질환

말라리아나 회선사상충, 림프사상충 등, 사람이나 동물에게 치명적인 질병을 가져다주는 기생충 질병의 특징은 열대지역에서 주로 유행한다는 거예요. 왜 그럴까요?

첫 번째 이유는 열대지역의 기후 때문이에요. 열대지역은 적도를 중심으로 저위도 지방을 말해요. 1년 내내 평균 기온이 섭씨 18도가 넘고, 한 달 동안 내리는 비의 양도 평균적으로 60밀리미터가 넘는 곳이지요. 동남아와 남미, 아프리카가 열대지역에 포함돼요.

그런데 이렇게 날씨가 따뜻하고 습도가 일정하면 기생충이나 세균 등 사람에게 병을 일으키는 생물들이 살기에 좋아요. 또 이 질병을 중간에 전달하는 모기와 파리 등 곤충들이 살기에도 아주 적합하지요. 실제로 모기는 기온이 섭씨 16~34도이고, 습도가 60퍼센트 이상인 곳에서 매우 잘 성장해요. 열대지역에서는 말라리아 원충도, 이 원충이 숙주로 삼는 모기도 언제나 많이 살고 있는 거예요. 따라서 열대지역에서는 그동안 우리가 알아본 기생충 질환들이 유행하기에 딱 좋은 환경을 갖추고 있어요. 또 다른 이유는 열대지역의 나라들이 다른 나라에 비해 경제적으로 가난하기 때문이에요. 실제로 감염병으로 인한 사망률은 선진국에서는 40퍼센트인데, 개발도상국에서는 80퍼센트나 된답니다. 기생충 질병은 주거 환경이 얼마나 깨끗한지, 사람들이 얼마나 건강한지에 따라 감염 환자의 수가 크게 달라져요. 만약 주거 환경을 깨끗하게 관리하고 모기나 파리가 부화하는 장소를 줄이면 기생충의 수를 줄일 수 있고, 사람들이 건강하다면 기생충에 감염되더라도 면역체계로 맞서 싸워 이겨낼 수 있거든요.

　하지만 열대지역은 아직까지도 주거 환경이 기생충을 박멸할 수 있을 정도로 깨끗하지 않아요. 또 사람들의 영양 상태가 좋지 않은 경우도 많으며, 감염됐을 때 치료할 수 있는 힘이 부족하지요. 따라서 열대지역의 나라들에선 40년 전 우리나라가 그런 것

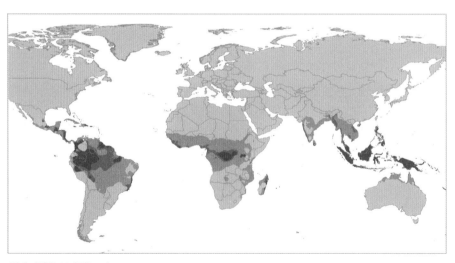

열대지역을 보여주는 지도 (출처: 위키미디어)

처럼, 기생충 질병과 힘겹게 싸우고 있는 거랍니다.

예방하는 것이 최선!

우리가 생활하고 있는 곳은 상대적으로 기생충 질병을 걱정하지 않아도 될 정도예요. 하지만 최근에는 교통의 발달로 먼 나라의 기생충이 비행기를 타고 이동하는 경우가 늘고 있어요. 또 가뭄과 홍수 등 이상 기후로 주거 환경의 상태가 시시각각 바뀌기 때문에 기생충 질병에 대해 안심할 수는 없어요. 기생충 질병 예방의 기본은 손과 발을 깨끗하게 닦는 거예요. 외출을 하고 돌아왔을 때와 식사하기 전에는 꼭 잊지 말고 깨끗이 씻어요. 집에서

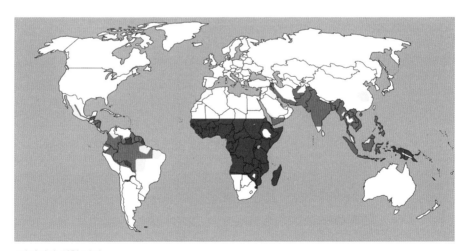

말라리아 위험 지역
말라리아 분포 지역과 열대지역이 일치하는 것을 알 수 있다. (출처: 위키미디어)

애완동물을 키운다면 동물의 기생충 관리에도 신경 써야 해요.

또 모기나 파리 등 벌레에 물리지 않도록 예방하는 것도 좋은 방법이에요. 모기가 많이 활동하는 여름에는 모기장을 사용하는 게 좋아요. 물론 모기장에 구멍이나 찢어진 곳이 없는지 확인하는 건 필수고요. 최대한 밝은색 옷을 입고, 향수나 진한 향이 나는 화장품을 사용하지 않도록 해요. 모기는 수풀에 모여 살고 고인 물에 알을 낳아요. 따라서 밖에 외출을 할 때는 이러한 곳을 피하도록 하세요.

만약 기생충 질병이 유행하는 지역을 갈 때는 출발하기 1주일 전부터 약을 먹어야 해요. 유행 지역을 떠나고 나서도 4주 동안 더 복용을 하는 게 좋지요.

하지만 이렇게 조심해도 기생충에 노출될 수 있으므로 봄과 가을, 1년에 두 번 정기적으로 구충제를 먹는 것이 좋아요. 이때는 함께 생활하는 사람들이 서로에게 다시 기생충을 옮기지 않도록, 같은 시기에 다 같이 복용해야 한답니다.

2015년 노벨 생리의학상 수상자들의 업적

개똥쑥에서 말라리아 치료제를 찾은 과학자

2015년 노벨 과학상을 받은 8명의 수상자 중 유일한 여성 과학자가 있어요. 바로 중국중의학연구원의 투유유 교수지요. 투유유 교수는 현재 말라리아 치료제로 가장 많이 사용하고 있는 '아르테미시닌'을 개발한 과학자예요. 아르테미시닌은 기존 말라리아 치료제 '클로로퀸'이 말라리아에 내성이 생겨 치료에 어려움을 겪었을 때 개발돼 말라리아 환자를 획기적으로 줄이는 데 중요한 역할을 했지요. 그 공로를 인정받아 노벨 생리의학상을 받았답니다.

투유유 교수가 이 연구를 하기 시작한 1970년에는 말라리아가 유행이었어요. 열대지역인 베트남과 전쟁 중이던 미국은 군인 4만 명 이상이 말라리아에 걸렸지요. 또 적군의 총에 맞아 죽는 군인보다 말라리아에 감염돼 죽는 군인들이 더 많을 정도였지요.

당시 베트남을 돕고 있던 중국은 말라리아 질병의 심각성을 깨닫고 500명이 넘는 과학자와 의사를 불러 모았어요. 그리고 '프로젝트 523'이라는 이름을 붙여 말라리아를 치료할 수 있는 약을

2015년 노벨 생리의학상 수상자
투유유 중국중의학연구원 명예교수, 오무라 사토시 일본 기타사토대학교 명예교수, 윌리엄 캠벨 미국 드류 대학교 연구교수(왼쪽부터). (출처: 위키미디어)

개발하기 시작했지요. 투유유 교수도 책임연구원으로 '프로젝트 523'에 참여했어요. 그리고 말라리아에 감염돼 죽은 환자들 대부분이 고열에 시달렸다는 사실에 주목했어요. 말라리아 원충은 간세포에서 증식한 뒤 적혈구로 들어가 망가뜨리는데, 적혈구가 파괴될 때마다 엄청난 열이 났거든요.

투유유 교수는 전통 의학 서적에서 열이 나는 질병에 효과가 있는 약재를 찾기 시작했어요. 200개의 후보 약재를 모두 검토했고, 그중에 '칭하오(개똥쑥)'라고 불리는 국화과 식물을 발견했어요. 그리고 이 식물에 들어 있는 '아르테미시닌' 성분이 말라리아를 치유할 수 있다는 사실을 확인했거든요.

이후 투유유 교수는 개똥쑥에서 아르테미시닌 성분만 추출해 약을 만들었어요. 그리고 위험을 무릅쓰고 본인과 동료 연구원들이 직접 먹어보는 임상 실험까지 거친 결과, 1971년 드디어 말라리아 치료제인 '칭하오쑤'를 개발하는 데 성공하지요.

이 약은 1990년대부터 말라리아 치료제로 널리 쓰이기 시작했어요. 약을 먹고 나면 48시간 안에 몸 안에 있는 말라리아 원충들이 모두 죽었어요. 또 다른 어떤 치료제보다 열을 빨리 내려주었지요. 게다가 클로로퀸 치료제에 내성이 생겼던 말라리아도 이 약으로 치료가 가능했답니다.

투유유 교수의 연구로 지난 2004년에 95만 명이던 말라리아 사망자 수가 2013년이 되면서 58만 명으로 줄었어요. 특히 말라리아로 죽는 어린이들의 수도 크게 줄어들었지요. 또 매년 아프리카와 중남미 등에 살고 있는 2억 명의 사람들이 말라리아 걱정 없이 생활할 수 있게 됐답니다.

개똥쑥

투유유 교수는 전통의학문헌 속에서 열병을 다스리는 데 효과가 있다고 알려진 개똥쑥(칭하오)을 발견하고 말라리아 치료제로 개발했다. 개똥쑥에 흥미를 갖게 된 투유유 교수는 정제 과정을 거쳐 '아르테미시닌'이라는 인체에 작용하는 약물을 만들어냈고, 이는 효과적인 말라리아 치료제로 사용되고 있다. (출처: 노벨위원회, Andrea Moro)

골프장 흙에서 기생충 치료제를 찾은 두 과학자

투유유 교수와 함께 노벨생리의학상을 공동 수상한 오무라 사토시 교수와 윌리엄 캠벨 교수는 기생충으로 감염되는 질병을 치료하는 '이버멕틴'을 개발해 노벨 생리의학상을 받았어요. 두 교수는 박테리아에서 항생제 물질을 뽑아 약으로 개발했는데, 재미있게도 이 박테리아는 골프장 흙에서 찾았답니다.

일본의 미생물학자인 오무라 사토시 교수는 유용한 천연 물질을 분리하고, 그 물질로 새로운 약을 만드는 연구를 하고 있었어요. 그중에서도 사토시 교수팀은 '스트렙토미세스' 속의 박테리아에 주목하고, 이 박테리아를 중점적으로 연구했지요.

스트렙토미세스 속 박테리아는 흙 속에 살고 있어요. 이 박테리

스트렙토미세스 아베르미틸리스

이버멕틴의 주성분을 갖고 있는 박테리아

오무라 교수는 토양 미생물인 스트렙토미세스 속(屬)의 박테리아에서 사람과 동물에 적용할 수 있는 기생충 퇴치 약물 성분을 발견했다. 골프장 근처 토양에서 미생물을 추출하고 이를 실험실 수준에서 배양하는 데 성공한 것이다. 여기서 나온 다양한 배양물의 특성을 정리해 향후 항생제 후보물질로 사용할 수 있는 배양물 50개를 추렸다. 그중 '아버멕틴'이 '이버멕틴'의 주성분이다. (출처:위키미디어)

아는 다른 미생물이 자라는 것을 막는 '항생' 효과가 있는 것으로 알려져 있었지요. 이 박테리아에서 항생 효과가 있는 물질만 뽑아낸다면, 미생물로 인해 생기는 특정 질병을 치료하는 치료제를 개발할 수 있을 거라고 기대한 거예요.

그러던 중 1974년 오무라 교수는 집 근처의 한 골프장 흙에서 스트렙토미세스 속의 새로운 박테리아를 발견했어요. 오무라 교수는 이 박테리아를 연구실로 가져온 뒤, 항생 효과가 있을 것으로 추측되는 50여 개의 후보 물질을 추출해내는 데 성공했어요.

이번엔 공동 연구를 한 캠벨 교수의 차례였어요. 오무라 교수는 미국의 제약회사 '머크'에서 일하고 있던 캠벨 교수에게 이번에 새롭게 찾은 50여 개의 항생제 후보 물질을 보냈지요. 캠벨 교수는 후보 물질들을 연구한 결과, 이 중 '아버멕틴'이라는 성분이 사상충 질병 감염을 막는 데 효과적이라는 사실을 발견했답니다.

사상충에 의해 감염되는 대표적인 질병은 회선사상충증과 림프절사상충증이에요. 회선사상충은 눈의 각막에 알을 낳아 염증을 만들고 심할 경우 눈을 멀게 해요. 림프절사상충은 온몸에 퍼져 있는 림프절에 기생충이 기생하며 제 기능을 하지 못하게 해 몸이 심하게 붓고 통증을 일으키는 무서운 병이지요.

아버멕틴은 기생충의 세포 안 염소 농도를 높이는 역할을 해요. 기생충의 세포 안에 음이온인 염소가 많아지면 신경이 마비가 되어 결국 죽게 되는 원리죠. 이러한 영향은 척추동물에게 전혀 영향을 미치지 않기 때문에 사람이 먹어도 부작용이 일어날 걱정이 거의 없었어요. 1970년대 후반 이것을 정제한 약 '이버멕틴'이 처음으로 판매되기 시작했고, 1980년대에는 가축과 애완동물의 기생충 치료에 널리 사용됐답니다.

　이후 1987년 제약회사 머크는 큰 결심을 하게 돼요. 이버멕틴 약을 필요로 하는 모든 사람에게 무료로 나눠주겠다고 발표한 것이지요. 그때부터 머크 기부 프로그램으로 매년 150만 명이 넘는 환자들이 이버멕틴을 무료로 제공받고 있어요.

　덕분에 회선사상충으로 인한 실명 환자도 눈에 띄게 줄어들었고, 콜롬비아를 비롯한 몇몇 국가는 회선사상충을 완전히 박멸

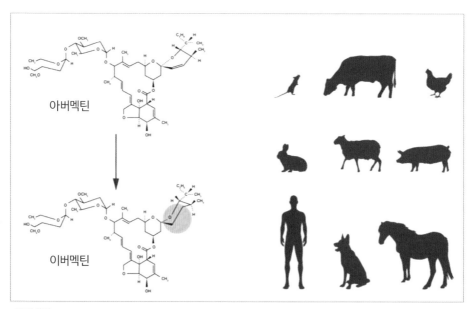

이버멕틴
캠벨 교수는 오무라 교수팀에게 전달받은 스트렙토미세스 배양물 중에서 기생충을 제거하는 데 가장 효과적인 성분인 '아버멕틴'을 골라냈다. 이것을 정제해 효과가 더 뛰어난 약물 '이버멕틴'으로 개발했다. 현재 이버멕틴은 회선사상충증, 림프절사상충증 등 기생충 질환에서 인류와 동물의 건강을 책임지고 있다. (출처: 노벨위원회)

하는 데 성공했지요. 세계보건기구(WHO)는 2020년이 되면 회선 사상충을 완전히 박멸할 수 있을 것으로 예상하고 있답니다.

말라리아 백신 개발, 노벨상은 떼어 놓은 당상?

말라리아는 인간이 가장 오랫동안 연구해온 질병 가운데 하나예요. 그러나 세계보건기구(WHO)에 따르면 아직도 한 해에 사람들 62만 명 이상이 말라리아로 사망하고 있지요. 따라서 많은 과학자들이 말라리아 백신을 개발하기 위해 연구하고 있지만 말라리아 원충의 생활사가 너무 복잡해서 아직까지 완벽한 효과를 내는 백신을 개발하지 못하고 있어요.

물론 최근까지 세상에 나온 말라리아 백신은 많아요. 말라리아 원충을 공격하는 항체를 사람 몸에 미리 넣어둬요. 그리고 말라리아에 감염된 모기가 물었을 때 모기의 몸속으로 들어가 말라리아 원충이 더는 증식하지 않도록 공격하는 방법이 있어요.

또 기생충 자체가 아닌 기생충의 DNA 일부를 사람 몸에 넣어 면역계가 이 DNA와 싸울 수 있는 항체를 만드는 방법도 논의하고 있지요.

하지만 이런 백신들은 효과가 일시적이거나 실제 말라리아에 감염됐을 때 제 역할을 할 수 있는지 과학적으로 밝혀지지 않았어요. 이렇다보니 기생충과 질병 그리고 백신을 연구하는 과학자들 사이에서는 "말라리아 백신을 만들면, 노벨상은 떼어 놓은 당상이다"라는 말까지 나올 정도랍니다.

찌그러진 적혈구가 해답?

말라리아 질병을 줄이기 위한 과학자들의 노력은 저 멀리 아프리카 지역에서도 활발해요. 아프리카 북서부에 위치한 나라, 감비아에는 말라리아 질병을 해결할 수 있는 비밀이 숨어 있어요. 이 나라에 사는 많은 사람들이 말라리아 모기에 물려도 말라리아에 걸리지 않는다는 사실이 밝혀졌거든요. 군병원 병리학자인 윈스턴 에번스 박사는 말라리아에 강한 사람들만이 갖고 있는 특별한 비밀을 찾기 위해 주민 600명의 피를 뽑아 분석했어요.

그 결과 연구에 참여한 주민 600명 중 120명의 적혈구가 찌그러진 낫 모양을 하고 있다는 사실을 확인했어요. 게다가 낫 모양의 적혈구를 갖고 있는 120명은 한 번도 말라리아에 걸린 적이 없거나 걸리더라도 고열이나 통증 등의 증상들이 아주 살짝 나타났다가 완치됐답니다. 즉 말라리아에도 끄떡없던 사람들의 건강 비결은 바로 이 낫 모양의 적혈구라고 추측하게 된 거죠.

그런데 최근 독일 하이델베르그대학교 연구팀이 낫 모양의 적혈구가 말라리아를 막는 데 결정적인 역할을 한다는 사실을 과학적으로 확인했답니다. 일반적으로 말라리아 원충은 적혈구에 들어 있는 '액틴'을 이용해 '어드헤신'이란 단백질을 만들어요. 그리고 계속해서 적혈구 밖으로 내보내 표면에 모이도록 하지요. 표면에 모인 많은 양의 어드헤신은 적혈구 표면을 끈적끈적하게 만들고, 핏속에서 적혈구끼리 서로 달라붙고 엉기게 만들지요. 그럼 적혈구가 제 역할을 하지 못해 몸에 염증이 생기고 통증이 생기는 거예요.

연구팀은 낫 모양의 적혈구 속에 들어 있는 헤모글로빈에 주목했어요. DNA에 돌연변이가 생기면서 헤모글로빈끼리 서로 엉겨 붙었고, 이를 감싸고 있는 적혈구도 함께 찌그러진 모양을 하게 한 거예요. 그런데 이 돌연변이 헤모글로빈이 말라리아 원충이 적혈구 안에서 액틴을 찾는 것을 방해한다는 사실을 확인했지요. 그래서 말라리아 원충이 우리 몸에 들어와도 제 기능을 하지 못해 혈액이 뭉쳐지지 않고 염증이나 통증이 생기지 않는 거예요.

과연 DNA의 돌연변이로 생긴 특이한 적혈구가 앞으로 말라리아를 해결하는 특급 비결이 될 수 있을까요?

특명, 암컷 모기를 수컷으로 바꿔라!

백신을 만들기는 어렵고 시간이 오래 걸린다고 생각한 과학자들은 말라리아를 줄일 수 있는 특별한 아이디어를 생각하기 시작했어요. 그중에 하나가 암컷 모기를 수컷으로 성전환을 시키는 방법이에요.

미국 버지니아공과대학교 곤충학과의 재커리 애멀던 교수팀은 모기의 성(性)을 결정하는 유전자를 찾아냈어요. 그리고 이 유전자를 조작해 암컷 모기를 수컷으로 바꾸면 모기가 전달하는 전염성 질병을 예방할 수 있다고 발표했어요.

연구팀은 피를 빨기 위해 사람의 몸을 물고 말라리아 같은 전염병을 옮기는 것은 산란하기 위한 암컷 모기만의 특별한 행동이라는 사실에 주목했어요. 그리고 이집트숲모기를 채취해 성을 결정하는 유전자를 찾아보았지요. 모기도 사람처럼 암컷의 유전자에는 수컷이 갖고 있지 않은 Y염색체가 있고, 이 Y염색체에서 성을 결정하는 특정 유전차를 찾아냈어요.

연구팀은 유전자 편집 기술을 이용해 특정 유전자를 조작한 결과, 암컷이었던 모기에게서 수컷 생식기가 나타난다는 사실을 확인했어요. 모기가 완전한 개체가 되기 전 상태인 배아 단계에서 성 유전자를 조작해 모기의 성별을 바꿔준 거지요. 이렇게 유전자를 조작해 암컷 모기가 태어나지 않게 하거나 성전환을 시키면 모기가 전파하는 전염병 감염 환자 수를 줄일 수 있을 것이라고 연구자들은 기대했어요. 말라리아 같은 기생충 전염병 질병을 줄이기 위해 모기의 성을 바꾸다니 참 재미있는 생각인 것 같아요.

앞으로 기생충 전염병을 예방하기 위해 어떤 연구가 나올까요? 어떤 기발한 기술이 새롭게 선보일까요? 말라리아 연구로 노벨상을 받는 다섯 번째의 주인공은 누구일지, 어떤 연구일지 여러분도 함께 기대해봐요.

참고 자료

2장 2015년 노벨 물리학상

'2015 노벨물리학상, 중성미자의 진동변환을 발견하다' 김수봉, 《과학과 기술》
'중성미자 물리학의 근황과 전망' 김정욱, 《물리학과 첨단기술》
'현대판 〈지킬박사와 하이드〉 이야기' 김제완, 《과학동아》 1991년 3월호
'소립자 이야기: 18.포도주병 속의 작은 입자' 김제완, 〈Nobel e-library〉
'핵/입자 물리학 탐색' 홍병식
'유령 입자'의 변신을 확인하다', 김수봉, 《과학동아》 2015년 11월호

3장 2015년 노벨 화학상

노벨위원회
《위대한 여성 과학자들》, 송성수 지음, 살림, 2011
《DNA 구조의 발견과 왓슨•크릭》 에드워드 에델슨 지음, 이한음 옮김,
바다출판사, 2002
《이중나선》, 제임스 D 왓슨 지음. 최돈찬 옮김, 궁리, 2006
《사람이 알아야 할 모든 것》, 디트리히 슈바니츠 지음, 인성기 옮김,
들녘, 2001
《당신에게 노벨상을 수여합니다》(전3권), 바다출판사, 2014
'DNA가 끈질긴 생명력을 지닌 이유', 최준혁, 《과학동아》 2015년 11월호

4장 2015년 노벨 생리의학상

노벨위원회
《기생-생명진화의 숨은 고리》, 서민 외 지음, MID, 2014
《임상 기생충학》, 채종일 지음, 서울대학교출판문화원, 2011
《생명과학대사전》, 강영희 지음, 아카데미서적, 2008